**Jochen Gürtler
Johannes Meyer**

30 Minuten

Design Thinking

Bibliografische Information der Deutschen Nationalbibliothek

Die Deutsche Nationalbibliothek verzeichnet diese Publikation in der Deutschen Nationalbibliografie; detaillierte bibliografische Daten sind im Internet über http://dnb.d-nb.de abrufbar.

Umschlaggestaltung: die imprimatur, Hainburg
Umschlagkonzept: Martin Zech Design, Bremen
Lektorat: Dr. Sandra Krebs, GABAL Verlag GmbH, Offenbach
Satz: Zerosoft, Timisoara (Rumänien)
Druck und Verarbeitung: Salzland Druck, Staßfurt

© 2013 GABAL Verlag GmbH, Offenbach
Alle Rechte vorbehalten. Nachdruck, auch auszugsweise, nur mit schriftlicher Genehmigung des Verlags.

Hinweis:
Das Buch ist sorgfältig erarbeitet worden. Dennoch erfolgen alle Angaben ohne Gewähr. Weder Autoren noch Verlag können für eventuelle Nachteile oder Schäden, die aus den im Buch gemachten Hinweisen resultieren, eine Haftung übernehmen.

Printed in Germany
ISBN 978-3-86936-486-5

In 30 Minuten wissen Sie mehr!

Dieses Buch ist so konzipiert, dass Sie in kurzer Zeit prägnante und fundierte Informationen aufnehmen können. Mithilfe eines Leitsystems werden Sie durch das Buch geführt. Es erlaubt Ihnen, innerhalb Ihres persönlichen Zeitkontingents (von 10 bis 30 Minuten) das Wesentliche zu erfassen.

Kurze Lesezeit
In 30 Minuten können Sie das ganze Buch lesen. Wenn Sie weniger Zeit haben, lesen Sie gezielt nur die Stellen, die für Sie wichtige Informationen beinhalten.

- Alle wichtigen Informationen sind blau gedruckt.

- Schlüsselfragen mit Seitenverweisen zu Beginn eines jeden Kapitels erlauben eine schnelle Orientierung: Sie blättern direkt auf die Seite, die Ihre Wissenslücke schließt.

- *Zahlreiche Zusammenfassungen innerhalb der Kapitel erlauben das schnelle Querlesen.*

- Ein Fast Reader am Ende des Buches fasst alle wichtigen Aspekte zusammen.

- Ein Register erleichtert das Nachschlagen.

Inhalt

Vorwort   **6**

1. Merkmale von Innovation   **9**
Drei Perspektiven auf Innovation   10
Zielsetzung von Design Thinking   13

2. Grundelemente des Design Thinking   **17**
Die passenden Menschen   18
Die nötigen (Frei-)Räume   20
Die richtige Herangehensweise   26

3. Der Design-Thinking-Prozess im Detail   **33**
Vor dem Projektstart   35
Das Problem verstehen   37
Empathie aufbauen   40
Die Synthese   43
Die Ideenfindung   51
Ideen testen   56
Lösungen implementieren   58
Projektbeispiele   62

4. Design Thinking einsetzen   **69**
Bewusst mit Räumen umgehen   70
Bewusst mit dem Team umgehen   75
Bewusst mit dem Design-Thinking-Prozess umgehen   79

Fast Reader	**84**
Weiterführende Literatur	**89**
Die Autoren	**91**
Register	**93**

Vorwort

Wo kommen eigentlich die wirklich guten Ideen her? Die, die das Leben von Menschen bereichern und erleichtern? Ideen, die die Welt auf den Kopf stellen? Ideen, die Menschen zu Millionären gemacht haben?
Viele dieser Ideen umgeben uns tagtäglich und gehören für uns wie selbstverständlich zum Alltag. Und doch sind sie von Menschen gemacht – das heißt, jemand hat entschieden, dass die aus ihnen entstandenen Produkte, Services oder Erlebnisse genau so funktionieren und sich so anfühlen, wie sie es tun. Sie sind das Ergebnis von Designprozessen.
Design wird oft als „Dinge schön(er) machen" missverstanden, dabei geht es um weit mehr als das. Denn Design bedeutet, kreative Lösungen für komplexe Probleme zu finden.
Kreative Problemlösungen sind dabei meist kein Zufallsprodukt und nur selten das Ergebnis von „Heureka"-Momenten einzelner Genies. Der klassische Erfinder, den man sich als einsamen Kauz in seinem Labor vorstellt, ist bei näherer Betrachtung doch meist Mitglied einer ganzen Gruppe, deren Mitglieder sich gegenseitig inspirieren. Denken wir an Thomas A. Edison, der mit über 1000 Patenten als verdienter Erfinder in die Geschichte eingegangen ist. Edisons Produktivität war aber kein Zufall, sondern das Ergebnis einer strukturierten Herangehensweise, Probleme gemeinsam mit einer bunten Truppe aus

Ingenieuren, Handwerkern und Wissenschaftlern zu lösen.
Innovation ist also sehr wohl planbar und kann bewusst gefördert werden. Wir behaupten: Jeder kann Erfinder sein!
Design Thinking ist eine Arbeitsmethode, die verschiedene Werkzeuge verbindet, um Innovation und Ideenfindung zu unterstützen. Egal ob Sie in einem Unternehmen arbeiten, selbstständig sind oder einfach im Privaten Dinge „neu erfinden" möchten: Design Thinking kann helfen, Problemstellungen strukturiert und mit Spaß zu bearbeiten und zu Lösungsideen zu gelangen, die Sie und wir jetzt noch gar nicht kennen – echte Innovationen eben.

Viel Spaß beim Lesen und viele Ideen wünschen Ihnen

Jochen Gürtler und Johannes Meyer

Was ist eigentlich Innovation?
Seite 9

Welche Perspektiven gibt es auf Innovation?
Seite 10

Was ist das Ziel von Design Thinking?
Seite 13

1. Merkmale von Innovation

Bevor wir auf Design Thinking und die damit verbundenen Möglichkeiten zu sprechen kommen, möchten wir uns zu Beginn dieses Buches mit der Frage beschäftigen, was Innovation überhaupt ist bzw. welche unterschiedlichen Perspektiven es darauf gibt.
Wir wollen im Speziellen auf drei Aspekte eingehen, die kennzeichnend sind für echte Innovation: erstens die Frage, ob und wie mit einer Innovation die eigentlichen Bedürfnisse von Menschen erfüllt werden, zweitens die (technische) Machbarkeit einer Idee sowie die Marktakzeptanz bzw. -durchdringung.

1.1 Drei Perspektiven auf Innovation

Als Steve Jobs 2007 das erste iPhone vorstellte, stand die (Technologie-)Welt Kopf. Das neuartige Telefon, fast nur aus Display bestehend, stieß die Tür zu einer neuen Ära der Kommunikation auf. Apple hatte ein Produkt auf den Markt gebracht, das niemand vorhergesehen hatte, das jedoch zum absoluten Wegweiser seiner Klasse wurde. Mit diesem Gerät brach Apple selbstbewusst mit alteingesessenen Mustern und erzielte (auch) durch ein tiefes Verständnis für das Verhalten von Nutzern einen Riesenerfolg.

Seit Jahren ist Apple führend in den Listen der „innovativsten Unternehmen" vertreten. Gemeinsam mit anderen Konzernen wie IDEO oder 3M sind es über lange Zeiträume immer wieder dieselben Namen, die mit Innovationen Furore machen. Wie funktioniert das? Und was bedeutet es eigentlich, „innovativ" zu sein?

Innovation bedeutet wörtlich zunächst einmal, dass Dinge „erneuert" werden. Dabei beschränkt sich diese Erneuerung nicht auf besonders kreative Ideen oder pfiffige Erfindungen, sondern schließt den wirtschaftlichen Erfolg eines daraus entwickelten Produktes oder der daraus resultierenden Dienstleistung mit ein. Damit aus einer Idee eine Innovation werden kann, muss sie eine Balance aus den folgenden drei eigentlich konkurrierenden Aspekten ermöglichen.

Wünschbarkeit

Aus Sicht des Design Thinking ist dies der wichtigste der drei Faktoren. Eine Innovation kann nur entstehen, wenn sie existierende Bedürfnisse potenzieller Nutzer anspricht. Dabei ist das Wünschen hier nicht wörtlich zu nehmen. Sehr häufig können Bedürfnisse nicht artikuliert werden oder Nutzer können sich mögliche Lösungen gar nicht vorstellen (weil sie beispielsweise mit vorhandenen Notlösungen leben und sich damit abgefunden haben).

Eine Innovation ist deshalb mit einem guten Geburtstagsgeschenk vergleichbar: Etwas, das sich der Beschenkte nicht selbst gewünscht hat, das aber dennoch wie die viel zitierte Faust aufs Auge passt, weil sich der Schenker von seinem tiefen Verständnis für die Lebenswelt des zu Beschenkenden hat inspirieren lassen – seiner Empathie für den Beschenkten.

Kunden und Nutzer können uns die Arbeit an Innovationen also nicht abnehmen, sie können uns jedoch maßgeblich dazu inspirieren.

Machbarkeit

Eine Idee kann nur zu einer erfolgreichen Innovation werden, wenn sie mit den uns gegebenen Möglichkeiten realisierbar ist, wenn sie mit den Materialien und den physikalischen Gegebenheiten unseres Planeten zum Leben erweckt werden kann.

Wir alle kennen die Vision fliegender Autos aus Science-Fiction-Filmen, und dreidimensionaler Straßenverkehr ist in vielerlei Hinsicht eine gute Idee. Leider macht uns bis dato die Realisierbarkeit einen Strich durch die Rechnung. Wir bleiben daher (zumindest vorerst) zweidimensional im Stau stehen.

Wirtschaftlichkeit

Selbst wenn nun das fliegende Auto technologisch greifbar würde, wäre der Preis dieser Idee die nächste Hürde. Nur wenn die Flugeigenschaften zu einem dem Nutzen angemessenen Preis angeboten werden können, wird aus der Idee eine Innovation werden (selbst wenn der primäre Nutzen luxuriöser Spaß sein sollte).

Eine Innovation liegt im Schnittpunkt zwischen Wünschbarkeit, Machbarkeit und Wirtschaftlichkeit. Ideen müssen auf alle drei Aspekte hin bewertet werden, und nur wenn alle drei Aspekte berücksichtigt werden, kann eine Idee zur echten Innovation werden.

1.2 Zielsetzung von Design Thinking

Das Thema Innovation wurde in den letzten Jahren so heiß diskutiert wie noch nie. In vielen Branchen und Bereichen sind durch Kostenoptimierung nur noch marginale Vorteile zu erzielen, gleichzeitig können sich Angebote, die Kunden begeistern, rasend schnell verbreiten und Innovatoren exponentiell wachsende Erfolge bescheren. Eintrittsbarrieren, zum Beispiel in digitale Märkte, sind niedrig, und so können aus Garagenfirmen innerhalb weniger Jahre milliardenschwere Konzerne werden.
Verschiedenste Unternehmen, Gründer, aber auch Behörden realisieren immer deutlicher: Es ist eine professionelle Herangehensweise nötig, um Produkte und Services anzubieten, die neu und einzigartig sind und

gleichzeitig einigermaßen verlässlich Abnehmer finden. Gerade postindustrielle Standorte wie Deutschland können sich nur noch durch ein dauerhaftes Die-Nase-vorn-Haben nachhaltig Vorteile sichern.

Design Thinking als Innovations-Katalysator

Es gibt viele Strategien und Werkzeuge, die helfen können, Innovationen zu finden. Design Thinking versteht sich als Sammlung von Techniken verschiedener Disziplinen, die in Kombination die Erfolgswahrscheinlichkeit und Verlässlichkeit von nutzerzentrierten Ideen erhöhen können.

Wurzeln von Design Thinking

Als Sammlung von Methoden lässt sich die Herkunft von Design Thinking nur schwer irgendwo verorten, der Begriff und seine Beschreibung jedoch entstammen dem Umfeld der Universität Stanford und deren Fakultät für Ingenieurwesen. Hier begannen Professoren in den Neunzigerjahren ihre Erfahrungen mit Innovationsprojekten als methodisches Gerüst zusammenzufassen und verfeinerten diese in den Projekten der neu gegründeten Innovations-Agentur IDEO. Seit ihrer Gründung 1991 schaffen Teams hier Innovationen auf Basis der Design-Thinking-Methode. Egal ob Schnellrestaurant oder Medizintechnik – IDEO-Teams sind selten echte Fachexperten für die zu bearbeitenden Themen, sondern durchlaufen in gut durchmischten Teams die Arbeitsphasen des Design Thinking und sind gerade durch ihren unvoreingenommenen und nutzerzentrierten Blick auf Problemstellungen erfolgreich.

Innovation als lehr- und lernbare Disziplin

Der Erfolg dieser Arbeitsweise interessierte in der Folge auch Studenten und Unternehmen verschiedenster Branchen. Innovation als Ergebnis einer lernbaren Herangehensweise? Inzwischen gibt es nicht nur in den USA, sondern auch in Deutschland und Europa Studienprogramme, Experten und Unternehmen, die Design Thinking in den Mittelpunkt ihrer Arbeit stellen, um damit themenübergreifend Ideen zu generieren. Dabei geht es nicht zwangsläufig um die klassische Produktentwicklung, sondern meist um die Neugestaltung ganzer Nutzererlebnisse. Ergebnisse können also Produkte, Dienstleistungen, Prozesse oder eine Kombination davon sein.

Dem Thema Innovation kann man sich aus mehreren Richtungen annähern. Design Thinking ist eine strukturierte Herangehensweise, die durch einen Fokus auf die menschliche Wünschbarkeit bessere Produkte und Services schafft, die in der Schnittmenge der für Innovationen relevanten Faktoren liegen.

1.2 Zielsetzung von Design Thinking

Welche Team-Konstellationen sind für Innovation förderlich?
Seite 18

Welche Rolle spielen Arbeitsumgebung und -kultur?
Seite 20

Wie sieht ein strukturierter Problemlösungsprozess aus?
Seite 26

2. Grundelemente des Design Thinking

Hinter Design Thinking verbirgt sich keine hoch komplizierte Wissenschaft. Sie werden daher auf den folgenden Seiten sicherlich vieles wiedererkennen, das Sie so oder so ähnlich schon benutzt haben. Diese scheinbare Einfachheit ist zugleich eine echte Herausforderung. Methoden, die sehr intuitiv scheinen, laufen Gefahr, als „schon bekannt" abgetan und nicht ernsthaft genutzt zu werden. Aber es geht gerade darum, Design Thinking in den beruflichen oder privaten (Problemlösungs-)Alltag zu integrieren. Denn kreative und innovative Lösungen für die hochkomplexe, vernetzte und globale Welt von heute entstehen meist nicht durch analytisches Verstehen und Nachdenken, sondern durch konkretes Ausprobieren und Anwenden, durch Erfahren und Erleben, durch ständiges Lernen.

Im Kern lässt sich Design Thinking auf eine einfache Formel bringen: Es geht um die Verbindung der passenden Menschen mit den nötigen (Frei-)Räumen und der richtigen Herangehensweise.

2.1 Die passenden Menschen

Beim Design Thinking geht es zuallererst um Menschen. Einerseits sind nutzerzentrierte Lösungen (also Lösungen, die sich vor allem nach den Bedürfnissen der Menschen als Nutzer eines Produktes oder einer Dienstleistung richten) vordergründiges Ziel eines jeden Design-Thinking-Prozesses. Zum anderen sind es Menschen, die genau diese Lösungen in einem teamorientierten Arbeitsprozess (er-)finden sollen.

Design Thinking sieht dabei nicht den genialen Erfinder vor, der im stillen Kämmerlein die eine bahnbrechende Idee hat, sondern eine Gruppe von Menschen, die gemeinsam an einer Aufgabe arbeiten und sich dabei gegenseitig befruchten, herausfordern, motivieren, antreiben und inspirieren.

Die Mitglieder eines Design-Thinking-Teams bringen dabei idealerweise ihre unterschiedlichen Perspektiven und Erfahrungen in das gemeinsame Projekt ein und fördern dadurch ein interdisziplinäres Arbeiten. Also beispielsweise der Informatiker, der Biologe und der Architekt, die gemeinsam an einer Innovation im Bereich Logistik arbeiten.

Der ideale Design Thinker

Neben dieser Interdisziplinarität innerhalb eines Teams legt Design Thinking auch besonderen Wert auf vielfältige Sichtweisen und Erfahrungswerte eines jeden Einzelnen. Menschen mit einem solchen – auch t-förmig genannten – Profil, Menschen also, die einerseits fundierte Kenntnisse und Erfahrungen in einem Gebiet haben, darüber hinaus aber auch ein breites Wissen, Neugierde und Offenheit für andere Gebiete einbringen, sind die idealen Design Thinker. Also der Informatiker, der auch Musiker ist, oder der Biologe, der in seiner Freizeit Apps programmiert. Durch ihr spezifisches Fachwissen bringt jeder Expertise in den unterschiedlichsten Themenbereichen ein und steuert Ideen aus seiner Domäne bei. Die Offenheit und Neugierde für andere Themenbereiche fördert gleichzeitig den interdisziplinären Austausch innerhalb des Design-Thinking-Teams und das Bewusstsein dafür, dass jeder in einem anderen Bereich Experte ist.

Design Thinking stellt den Menschen in den Mittelpunkt von Innovationsarbeit. Einerseits als Nutzer, andererseits als Teil eines kreativen, möglichst interdisziplinären Teams.

2.2 Die nötigen (Frei-)Räume

Wann haben Sie die besten Ideen? Beim Joggen durch den Wald? Singend unter der Dusche? Beim Musikhören oder beim Autofahren? Allein oder in Diskussionen mit anderen?

Unabhängig vom ganz persönlichen „Raum für Ideen" kennt wohl jeder eine Umgebung oder bestimme Situationen, die dabei unterstützen, kreativ zu sein. Genau solche (Frei-)Räume für Ideen und Kreativität spielen auch im Design Thinking eine große Rolle.

Dabei wollen wir zwischen zwei Arten unterscheiden: Zum einen werden wir auf die konkreten Räumlichkeiten, deren Ausgestaltung und Nutzung eingehen. Und zum anderen möchten wir uns mit der vorherrschenden Kultur innerhalb eines Teams oder einer Organisation und den damit gegebenen Freiräumen beschäftigen.

Flexible Räumlichkeiten

Das Bewusstsein für den richtigen Umgang mit Räumlichkeiten ist eine der Grundfesten des Design Thinking. Die Umgebung, in der ein Team arbeitet, kann als Katalysator seiner Kreativität gesehen werden: Sie kann Ideen zwar nicht herstellen, aber entscheidend dabei helfen, sie zutage zu fördern.

Wie schon erwähnt, verfolgt Design Thinking einen teamorientierten Ansatz. Daher ist bei der Wahl und Ausgestaltung der Räumlichkeiten die Möglichkeit, mit

anderen zusammenzuarbeiten, Grundvoraussetzung. In vielen Unternehmen wird die Wichtigkeit von Teamarbeit betont und hervorgehoben und dennoch sitzen die Mitglieder solcher Teams in der Realität oft in unterschiedlichen Büros oder versinken passiv in den weichen Bürostühlen steriler Meetingräume.
Echte kollaborative Arbeit braucht Bereiche, die dafür optimiert sind, dass ein (Design-Thinking-)Team zusammenarbeiten, diskutieren und kreativ sein kann. Dieser „Team Space" ist für Design Thinker der Ort, an dem das Projekt lebt und den das Team über die gesamte Dauer der Arbeit gestalten und nutzen kann.

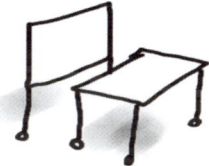

Ein Design-Thinking-Projekt beinhaltet jedoch wie der klassische Büroalltag auch die unterschiedlichsten Tätigkeiten: Da gibt es die angesprochene Teamarbeit, aber auch Besprechungen zu zweit oder in größeren Gruppen, konzentriertes Arbeiten am Arbeitsplatz, das vertrauliche Telefonat mit Kunden, Präsentationen oder die verdiente Kaffeepause. Alle diese Arbeitsmodi stellen sehr unterschiedliche Anforderungen an die vorhandenen Räumlichkeiten. Beim Telefonat möchte ich vor allem ungestört sein, die Kaffeepause soll mich entspannen, Besprechungen sollten effizient durchgeführt werden können.

Design Thinking schlägt daher flexible Räumlichkeiten vor, die leicht an die jeweils benötigten Bedürfnisse angepasst werden können. Aufgabe des Teams ist es dann, regelmäßig zu reflektieren, ob der Raum für die aktuelle Arbeit optimal genutzt werden kann, und gegebenenfalls Anpassungen vorzunehmen.

Bei der flexiblen Ausgestaltung Ihrer eigenen Kreativ-Räumlichkeiten sind Ihnen praktisch keine Grenzen gesetzt. Wir wollen nur einige Anregungen geben, die sich in vielen Design-Thinking-Projekten als sehr hilfreich herausgestellt haben:

- Mobiles Mobiliar: Mit einfachen Mitteln lassen sich verschiebbare Trennwände, bewegliche Whiteboards, Tische oder Regale realisieren, die sich leicht an die aktuelle Arbeitssituation anpassen lassen.
- Vertikale Flächen nutzen: Design-Thinking-Prozesse erzeugen große Mengen physischer Ergebnisse, die sichtbar gemacht werden sollten. Alle verfügbaren vertikalen Flächen können genutzt werden, damit keine Idee verloren geht, sondern jederzeit zu Papier gebracht und mit anderen weiterentwickelt werden kann.
- Neben der nötigen Fläche empfehlen wir, alle benötigten Materialien in ausreichender Menge und leicht zugänglich innerhalb des „Team Spaces" zur Verfügung zu stellen. Dazu gehören Haftnotizblöcke („Post-its") zur Strukturierung von Informationen,

Filzstifte, die deutliches und übersichtliches Schreiben ermöglichen, sowie Papier und andere günstige und flexible (Bastel-)Materialien, mit denen Ideen schnell anfassbar gemacht werden können.
- Musik hat sich ebenfalls zur Unterstützung des Design-Thinking-Prozesses bewährt. Im professionellen Kontext wird oft unterschätzt, wie gut sich damit Stimmung und Atmosphäre steuern lassen und Musik dadurch als weiterer Katalysator für kreatives Arbeiten dienen kann.

Viele weitere Anregungen, wie Sie „Ihren" Raum gestalten können, finden Sie in Kapitel 4 und in den Büchern, die wir am Ende dieses Buches vorstellen.

Kreative Kultur

Neben den physischen Räumlichkeiten benötigt Innovation vor allem eine passende Kultur innerhalb eines Teams oder einer Organisation, um Kreativität den benötigten Freiraum zu geben.

Wir wollen uns an dieser Stelle auf die Teamkultur beschränken. Die Frage, wie Organisationen als Ganzes innovativer werden, ist unglaublich spannend, würde unseren Rahmen hier aber bei Weitem sprengen. Richtig ist jedoch, dass die Einführung von Design Thinking auch das Hinterfragen der bestehenden Organisations- und Managementkultur beinhalten sollte.

Ein Design-Thinking-Projekt beginnt mit einer offenen Frage, die einen Problembereich umreißt. Das Team versucht, diesen möglichst gut zu verstehen und frei von schon vorgedachten Lösungen den Status quo zu erfassen. Das setzt große Neugierde jedes Einzelnen voraus sowie die Bereitschaft, sich in die Rolle des wertfreien und unvoreingenommenen Beobachters, Interviewers oder Erforschers zu begeben. Dazu gehört es meist auch, den gewohnten Schreibtisch und das Büro zu verlassen, um „draußen" vom Problembereich Betroffene zu beobachten, zu befragen oder sich in deren Situation zu begeben. Gerade für traditionell eher analytisch denkende und arbeitende Teammitglieder kann diese zu Beginn oft ungewohnte (Arbeits-)Situation eine echte Herausforderung darstellen.

Design Thinking lebt des Weiteren von spielerischem Ausprobieren, von ergebnisoffenem Experimentieren und von kontinuierlichem Lernen. Bei all diesen Aspekten sind Fehler quasi vorprogrammiert, was in sehr geradlinigen bzw. rein zielorientierten Teams zu Problemen führen kann, denn wer macht schon unter diesen Umständen gerne Fehler?

Wie beim Umgang mit Räumlichkeiten sollte ein Design-Thinking-Team auch in Bezug auf die eigene Teamarbeit bewusst handeln und regelmäßig reflektieren. Hierfür ist eine konstruktive und lebendige Feedback-Kultur wichtig und erstrebenswert. Nur wenn es möglich ist, auch persönliches und gegebenenfalls kritisches Feedback zu geben, können die unterschiedlichen Teammitglieder wirklich voneinander lernen und sich weiterentwickeln. In einem guten Design-Thinking-

Umfeld sind Feedback und durchaus kritische Rückblicke auf teaminterne Prozesse deshalb fest eingeplant.

Eine kreative Kultur ist zudem geprägt von gegenseitigem Respekt, einem hohen Vertrauen innerhalb des Teams und sehr guten Kommunikationsfähigkeiten aller Teammitglieder.

Die Arbeit in einem Design-Thinking-Projekt kann mit unterstützendem (Team-)Coaching nachhaltig dazu beitragen, genau diese beschriebene Kultur zu fördern. Neben dem Finden innovativer Lösungsideen ergibt sich damit die Chance, sich sowohl als Team als auch persönlich weiterzuentwickeln und zu wachsen.

Aus eigener Erfahrung wissen wir, dass die Implementierung einer bestimmten Kultur eine große Aufgabe ist, an der im Unternehmenskontext oftmals gespart wird. Wir möchten Sie an dieser Stelle explizit dazu ermutigen, diesen Aspekt aktiv zu gestalten und für die Innovationskraft in Ihrem Bereich zu nutzen.

Design Thinking schafft (Frei-)Räume, in denen Innovationen entstehen und wachsen können. Dabei spielt sowohl die Flexibilität des physischen Arbeitsraums eine Rolle als auch eine Teamkultur, die von gegenseitigem Respekt und Vertrauen, dem Mut zum Scheitern und einer offenen und konstruktiven Feedback-Kultur geprägt ist.

2.3 Die richtige Herangehensweise

Neben den passenden Menschen, flexiblen Räumlichkeiten und einer unterstützenden (kreativen) Kultur, geht es im Design Thinking zu guter Letzt auch um die richtige Herangehensweise. Wie geht ein Team vor, das innovative Problemlösungen finden möchte? Lösungen für komplexe und auf den ersten Blick kaum überschaubare Fragestellungen, die gleichzeitig aber auch den späteren Nutzer im Fokus haben sollen.

Die richtigen Fragen stellen

Zu Beginn eines jeden Design-Thinking-Projekts wird mit der sogenannten Design Challenge, also dem Innovationsauftrag, der Rahmen für den Themenraum abgesteckt.

Hier ist es entscheidend, das richtige Maß an Details zu verwenden. Ist der Themenbereich zu groß, kann es später sehr schwer werden, sich auf ein konkretes Problem zu fokussieren. Ist er zu klein, wird möglicherweise nur an eher inkrementellen Erweiterungen schon bestehender Lösungen gearbeitet, anstatt wirklich innovative, neue Lösungen zu schaffen. Die Frage „Wie können wir Menschen ehrlicher machen?" ist z. B. ein edler, jedoch unspezifischer Auftrag, wohingegen „Wie können wir Kabelschlösser für Fahrräder sicherer machen?" einen Großteil der Lösung bereits enthält. Formuliert man die Aufgabe um in „Wie können wir Fahrraddiebstahl in Städten bekämpfen?", gibt es sowohl eine klare Vision als auch Raum für Ideen, die uns jetzt vielleicht noch nicht bekannt sind.

> Zu Beginn eines Design-Thinking-Projekts geht es darum, eine Fragestellung zu definieren, die spezifisch genug ist, ohne den dabei möglichen Lösungsraum allzu sehr einzuschränken.

Lernen und verstehen

Basierend auf der so definierten Fragestellung geht es am Anfang eines Projekts darum, möglichst viele Informationen über das Thema zu sammeln und damit auch als Fachfremder zum „Sofortexperten" zu werden. Gibt es schon Lösungen für ähnlich gelagerte Probleme? Wie wird mit dem Problem heute umgegangen?

Um die Basis für eine nutzerzentrierte Lösung zu schaffen, beschäftigt sich ein Design-Thinking-Team mit den folgenden Fragen: Wie verhalten sich die Nutzer heute in der fraglichen Situation? Was sind ihre Fragen, Schmerzpunkte oder Bedürfnisse?

Ein zentraler Aspekt in dieser Phase ist daher die Erarbeitung des Themas über Ausprobieren, Beobachten und Befragen potenzieller Nutzer und Betroffener. Dabei geht es nicht darum, die eigenen Lösungsideen zu verifizieren, sondern zuallererst zu verstehen, wie Menschen das Problem heute lösen oder damit umgehen.

> Jedes Design-Thinking-Projekt beginnt mit einer unvoreingenommenen und offenen Recherche im vorgegebenen Problemfeld.

Die Essenz extrahieren

Die Phase des Erforschens und Sammelns von Informationen ist Grundlage für die darauffolgende Synthese, den nächsten Schritt des Design-Thinking-Prozesses. Geht es in der Recherche vor allem darum, möglichst viele Informationen zu sammeln, so hat die Synthese zum Ziel, aus all diesen Informationen eine Essenz zu extrahieren. Auf welche Art von Nutzer möchte sich das Team konzentrieren? Welche Bedürfnisse hat gerade dieser? Was hat das Team gelernt, das im weiteren Prozess unbedingt beachtet werden sollte?

Dazu wird z. B. oft eine „Persona" erstellt, die einen „typischen" Nutzer beschreibt und die meist eine fiktive Zusammenfassung mehrerer „echter" Nutzer ist, die während der Recherche interviewt oder beobachtet wurden.

> In der Synthese werden die gesammelten Informationen strukturiert und in einem anschaulichen Format kondensiert.

Fragestellung anpassen

Typischerweise liefert die erste Recherche Informationen, die eine Umformulierung oder Fokussierung der ursprünglichen Fragestellung erfordern. Nach der Synthese wird diese deshalb auf den Prüfstand gestellt und wenn nötig an das Gelernte angepasst. Als Ergebnis stehen am Ende dieser Phase eine oder mehrere Fragen im (Team-)Raum, für die nun Lösungsideen gefunden werden sollen.

> Die ursprüngliche Fragestellung wird basierend auf den Ergebnissen der Recherche oft mehrmals umformuliert, bevor mit der Lösungsfindung begonnen wird.

Die richtigen Antworten finden
Bei der sich nun anschließenden Lösungsfindung geht es darum, möglichst viele Ideen in kurzer Zeit zu generieren. Dabei werden Fragen nach der (technischen oder wirtschaftlichen) Umsetzbarkeit zunächst bewusst ausgeschlossen, um die Lösungsmöglichkeiten nicht einzuschranken und dann aus einer möglichst großen Menge an Ideen auswählen zu können. Eine Herausforderung in dieser Phase des Prozesses ist es, sich vor dem nächsten Schritt für eine bis drei Ideen und dadurch oft auch gegen andere, vielleicht auch interessante Ideen zu entscheiden.

> Während der Ideenfindung geht es zuallererst darum, möglichst viele Ideen zu finden. Erst dann wird sich das Team für eine bis drei Ideen entscheiden, die weiterentwickelt werden.

Ideen erlebbar machen

Um Ideen zu testen und konkret anfassbar zu machen, werden möglichst einfache Prototypen der Ideen erstellt. Design Thinking lädt dazu ein, solche Prototypen mit allen nur erdenklichen Materialien zu erstellen. Denn oft erweisen sich Ideen schon während des Prototypings als nicht tragfähig bzw. entwickeln sich automatisch weiter, während das Team am Prototyp arbeitet.

> Das schnelle und einfache Prototyping von Ideen hilft, die Tragfähigkeit einzelner Ideen zu ermitteln und darauf aufbauend Ideen zu verwerfen oder weiterzuentwickeln.

Schnell Feedback einholen

Die Prototypen werden möglichst schnell mit potenziellen Benutzern diskutiert und validiert, unabhängig davon, wie unfertig solch ein Prototyp ist. Bei unfertigen, mit einfachen Mitteln hergestellten Prototypen erlauben sich die testenden Benutzer meist ehrlicheres Feedback als bei einem (scheinbar) fertigen Produkt. Darüber hinaus fällt es auch dem Design-Thinking-Team meist leichter, einen unfertigen Prototyp, der in sehr kurzer Zeit entstanden ist, wieder fallen zu lassen.

> Selbst sehr unfertige und rudimentäre Prototypen für einzelne Lösungsideen werden von Anfang an mit den potenziellen Benutzern diskutiert und validiert.

Iteratives Arbeiten

So sequenziell, wie wir ihn gerade beschrieben haben, mag der Design-Thinking-Prozess geradlinig erscheinen. In der Tat befeuert er jedoch eine Arbeitskultur voller Iterationsschleifen. Die drei Phasen der Ideenfindung, des Prototypings und der Validierung beispielsweise werden in einem typischen Design-Thinking-Prozess mehrmals durchlaufen, wobei sich eine Lösung dabei Schritt für Schritt verfeinert. Es kann aber auch durchaus passieren, dass man während der Validierung herausfindet, dass man noch nicht die richtige Frage gefunden hat, und man deshalb wieder zurück an den Anfang des Prozesses springt.

Design Thinking verwendet Methoden und Erfahrungen aus verschiedensten Disziplinen und fördert die Innovationsfähigkeit vor allem über
- *die Kraft hierarchiearmer, interdisziplinärer Teams,*
- *die Herstellung einer flexiblen Umgebung und die Pflege einer respektvollen und fehlertoleranten Arbeitskultur,*
- *einen Prozess, der Teams strukturiert den Arbeitsmodus zwischen Phasen des Problemverstehens, der Ideenfindung und der Lösungsvalidierung wechseln lässt.*

30 MINUTEN

Was gilt es bei der Planung eines Design-Thinking-Projekts zu beachten?

Seite 35

Wie verstehe ich das eigentliche Problem?

Seite 37

Wie finde ich die passenden Lösungen?

Seite 58

3. Der Design-Thinking-Prozess im Detail

An dieser Stelle ist es uns wichtig, nochmals vorauszuschicken, dass Design Thinking sich nicht primär als „wieder ein neuer Prozess" versteht, sondern vielmehr als eine Arbeitskultur, in der neben dem eigentlichen Prozess die im vorherigen Kapitel besprochenen Aspekte – die passenden Menschen, flexible Räumlichkeiten und eine kreative Kultur – mindestens genauso wichtig sind. Nur durch die konsequente Umsetzung aller drei Aspekte entfaltet sich das wahre Potenzial des Design-Thinking-Ansatzes.

Bei der Wahl der einzelnen Phasen bzw. deren Darstellung lehnen wir uns an die an der Universität Stanford und am Hasso-Plattner-Institut in Potsdam entstandenen Beschreibungen an. Wir gehen im Folgenden von einem sechsstufigen Design-Thinking-Prozess aus, der im folgenden Schaubild veranschaulicht wird.

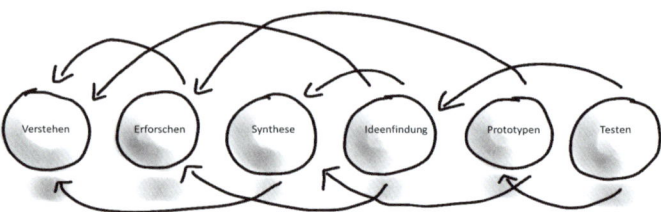

Es gibt in der Literatur etliche andere Beschreibungen, die sich einerseits in dem einen oder anderen Detail unterscheiden mögen, im Kern aber den gleichen Kriterien folgen. Wir werden daher im weiteren Verlauf dieses Buches nicht weiter darauf eingehen, verweisen aber sehr gerne auf die weiterführende Literatur, die wir am Ende dieses Buches aufgeführt haben.

3.1 Vor dem Projektstart

Gute Fragestellungen für Innovationsprojekte sind unserer Meinung nach Mangelware. Die meisten von uns sind in einem Bildungssystem aufgewachsen, in dem wir zuallererst für Antworten belohnt wurden. Ganz natürlich also, dass wir instinktiv immer versuchen, uns sofort Antworten für Fragen und Probleme zusammenzureimen, ohne diese wirklich ergründet zu haben. Echte Innovation entsteht jedoch meist aus einem tiefen Verständnis des Problems. Daher verwundert es nicht, dass sich im Design-Thinking-Prozess praktisch alle Phasen außer der Ideengenerierung im Grunde auf das Lernen über den Nutzer und sein Problem fokussieren.

Gute Fragestellungen
Wie sehen also Themen und Fragestellungen aus, die sich für ein Design-Thinking-Projekt eignen? Wir wollen an dieser Stelle einige Kriterien zusammenfassen:
- Die originäre Fragestellung muss genügend Raum für Innovationen lassen, auch solche, die am Anfang des Projekts nicht bekannt sind.
- Die Fragestellung muss die richtige Balance zwischen fokussiert und offen finden.
- Idealerweise bezieht sich die Fragestellung auf Menschen und menschliche Erlebnisse.

Neben diesen grundsätzlichen Aspekten zeigen sich in der alltäglichen Projektarbeit oft noch weitere Kriterien, die berücksichtigt werden sollten. Vor allem wenn ein Projektpartner oder -sponsor „Auftraggeber" für ein Design-Thinking-Projekt ist, gilt es, auch dessen Erwartungshaltung sehr gut zu erfragen – idealerweise natürlich vor Projektbeginn – und sicherzustellen, dass diese mit der Natur eines Design-Thinking-Projekts vereinbar ist.

Ein Design-Thinking-Projekt ist kein Implementierungsprojekt für marginale Erweiterungen eines schon bestehenden Produkts. Ein Design-Thinking-Projekt liefert nicht zwangsläufig *die eine* bahnbrechende Produktinnovation und es kann auch scheitern. Ein Design-Thinking-Projekt benötigt Zeit und sollte in der beschriebenen Umgebung ablaufen.

So offensichtlich diese Randbedingungen vielleicht klingen mögen, wissen wir aus eigener (Projekt-)Erfahrung, dass gerade diese „Offensichtlichkeiten" explizit angesprochen werden sollten, um die eine oder andere unliebsame Überraschung während oder nach einem Design-Thinking-Projekt zu vermeiden.

Schon vor Beginn eines Design-Thinking-Projekts gilt es, zusammen mit dem Projektpartner dessen Erwartungshaltung, die originäre Fragestellung und die Natur eines Design-Thinking-Projekts zu diskutieren und sicherzustellen, dass diese Aspekte in Einklang zu bringen sind.

3.2 Das Problem verstehen

Der schon erwähnte sechsstufige Design-Thinking-Prozess lässt sich, wie im letzten Kapitel beschrieben, in zwei Abschnitte unterteilen, von denen jeder für sich jeweils unterschiedliche Herausforderungen, Chancen und Risiken birgt.
Wie schon im letzten Kapitel genannt, steht zu Beginn eines jeden Design-Thinking-Projekts das Finden der richtigen Frage(n) im Vordergrund. Es geht dabei vor allem darum, das entsprechende Problemfeld möglichst unvoreingenommen und offen anzugehen, ohne dabei schon vorgedachte Lösungen zu implizieren und sich am besten mit viel Spaß am Erforschen und Lernen auf das jeweilige Thema einzulassen.

Die „Design Challenge"
Wie schon erwähnt, startet jedes Design-Thinking-Projekt mit der sogenannten „Design Challenge", dem eigentlichen „Auftrag" für das Projektteam. Hier ein paar Beispiele:
- Wie lassen sich (Teilzeit-)Arbeit und Familie für berufstätige Mütter und Väter besser miteinander verbinden?
- Wie lassen sich Reisekosten für Geschäftsreisende einfacher und effizienter verbuchen?
- Wie können schon Kleinkinder, die noch nicht lesen können, für die Notwendigkeit der Mülltrennung sensibilisiert werden?

- Wie lässt sich das neue Jugendzentrum in einem Berliner Problemviertel besser in den Alltag der Jugendlichen integrieren?

All das sind typische Fragestellungen, die am Beginn eines Design-Thinking-Projekts stehen könnten. Den obigen Beispielen gemeinsam ist, dass immer Menschen und ihre Bedürfnisse im Vordergrund stehen und dass die genannten Fragestellungen konkret genug sind, ohne Lösungen vorzugeben.
Ob diese Frage letztendlich mithilfe eines neuen Produkts, einer neuen Dienstleistung, einer Mischung aus beidem oder doch ganz anders gelöst wird, sollte zu diesem Zeitpunkt nicht relevant sein und daher auch nicht vorgegeben werden.
In der Projektrealität gibt es andererseits aber (allzu) oft genau solche Vorgaben bzw. Wünsche vonseiten der Projektpartner. Wir empfehlen, diesen Widerspruch von Anfang an offen und kritisch zu diskutieren.

Projektplanung
Wie in jedem klassischen Projekt bedarf es natürlich auch in einem Design-Thinking-Projekt zu Beginn einer sorgfältigen Planung, die die vorhandenen Kapazitäten der einzelnen Teammitglieder genauso berücksichtigt wie die geforderten Abgabetermine oder sonstige Randbedingungen. Obwohl (oder gerade weil?) es in einem Design-Thinking-Projekt zuerst darum geht, möglichst innovative und kreative Lösungen zu finden,

steht und fällt der Erfolg auch mit einer sorgfältigen und guten Projektplanung.

Ein wichtiger Teil dieser Projektplanung ist die Vorbereitung und Planung der Recherche-Aktivitäten. Abhängig von der zu bearbeitenden Fragestellung und den damit verbundenen Nutzergruppen sind dabei beispielsweise Interviews oder Vor-Ort-Besichtigungen zu planen und natürlich auch inhaltlich vorzubereiten.

„Sofortexperte" werden

Design-Thinking-Projekte stoßen oft in Themenfelder vor, mit denen sich das Team noch nie beschäftigt hat. Um die Zeit, die man mit Nutzern verbringt, auch wirklich sinnvoll zu nutzen, sollte sich das Team in kurzer Zeit einen Überblick über die Domäne verschaffen. In der „Verstehen"-Phase geht es deshalb auch darum, auf effizientem Weg zum „Sofortexperten" zu werden. Ein Team, das sich in ein Thema eingelesen hat, das Statistiken recherchiert oder einen Experten befragt hat, kann sich beim Kontakt mit dem Nutzer viel direkter auf interessante, kritische oder unklare Bereiche konzentrieren.

Ein Design-Thinking-Projekt startet mit der Definition der Design Challenge, einer sorgfältigen Projektplanung und einer initialen Phase des Verstehens, die das Projektteam zu „Sofortexperten" macht.

3.3 Empathie aufbauen

Nutzer-Interviews stellen oft eine erste Herausforderung dar, weil es dabei eben nicht nur um das Abarbeiten vorbereiteter Fragebögen geht, sondern vielmehr darum, die potenziellen Nutzer und ihre Haltung zu der zu bearbeitenden Fragestellung zu verstehen. Wichtigstes Ziel ist es dabei, über erzählte Erlebnisse, Anekdoten und Gefühle mehr und mehr Empathie zu entwickeln, sich also Stück für Stück immer mehr in die Rolle des potenziellen Nutzers versetzen zu können, dessen Denkweise nachvollziehen zu können und seine eigentlichen Bedürfnisse zu verstehen. Zum Beispiel:

- Was braucht der Jugendliche, damit das neue Jugendzentrum für ihn interessant wird?
- Wie sieht der Alltag einer Mutter von zwei Kindern in Teilzeit aus?
- Was stört den Geschäftsreisenden bei der Abrechnung seiner Spesen am meisten?

Nutzer-Interviews sind selbstverständlich keine Design-Thinking-Erfindung, sondern nicht zuletzt in der qualitativen soziologischen Forschung gang und gäbe. Ein schönes Beispiel also für die Notwendigkeit und den Nutzen von interdisziplinären Teams, denn wenn im Design-Thinking-Team der Soziologe genau diese Expertise mit einbringen kann, wird das ganze Team davon profitieren.

Wir empfehlen, bei Nutzer-Interviews die folgenden Punkte zu beachten:
- Grundsätzlich sollten offene Fragen verwendet werden und es sollten in den Fragen keine indirekten Lösungsvorschläge gemacht oder verifiziert werden.
- Die vorformulierten Fragen sollten allenfalls einen Rahmen geben, der aber jederzeit abhängig von den Antworten verlassen werden kann, ohne dabei natürlich das eigentliche Thema des Interviews aus den Augen zu verlieren.
- Oft ist das Gesagte nur „die halbe Wahrheit". Mindestens genauso wichtig sind die nonverbal ausgedrückten Emotionen, also die Art und Weise, wie der Nutzer die Fragen beantwortet und wie er erzählt. Dabei können sowohl seine Gestik als auch seine Mimik interessante Informationen liefern.
- Interviews sollten immer zu zweit durchgeführt werden, sodass der Fragende Blickkontakt halten kann und sich nicht gleichzeitig Notizen machen muss. Klassischerweise verteilt sich ein Team auf verschiedene Interviewpartner, um effizient zu sein.
- Grundsätzlich sind Audio- und/oder Videoaufnahmen durchaus empfehlenswert, damit ein Interview später nochmals durchgearbeitet werden kann. Dies ist natürlich nur nach vorheriger Absprache mit dem Interviewpartner möglich.
- Auch Fotos sind sehr zu empfehlen. Nicht nur vom Interviewpartner selbst, sondern auch von seiner Umgebung und den Dingen, die er benutzt. Oft lassen

sich hier zusätzliche interessante Erkenntnisse gewinnen.
- Sie sollten sich grundsätzlich für den Menschen interessieren, der Ihnen gegenübersitzt. Alle Informationen, die Ihnen helfen, diesen Menschen besser zu verstehen, sind gut und nützlich. Gefiltert und klassifiziert wird zu einem späteren Zeitpunkt. Im Interview geht es vor allem darum, möglichst viele Informationen zu sammeln.
- Neben der Verwendung „klassischer Fragebögen" gibt es eine Vielzahl zusätzlicher Interviewtechniken. Entsprechende Literaturhinweise darauf finden Sie unter „Weiterführende Literatur".

Obwohl sicherlich die Interviews mit den potenziellen Nutzern im Mittelpunkt stehen sollten, kann es darüber hinaus sehr lohnend sein, mit anerkannten Experten oder sonstigen Stakeholdern zu sprechen. In unserem oben genannten Beispiel des Jugendzentrums könnte neben den Jugendlichen und den Sozialarbeitern vor Ort auch der verantwortliche Amtsleiter ein guter Ansprechpartner sein. Oder der Soziologie-Professor, der sich dem Thema seit Jahren in seinen Forschungen gewidmet hat.

Weitere Recherche-Methoden
Neben den Interviews mit potenziellen Nutzern, Experten oder Stakeholdern gibt es weitere Möglichkeiten, das Problemfeld besser zu erforschen.

Reines Beobachten „vor Ort" kann sehr interessante Erkenntnisse liefern. Das „Selbst-Ausprobieren" liefert abhängig von der Fragestellung mitunter die entscheidenden Erkenntnisse. Hier kann ein Design-Thinking-Team viel von der Herangehensweise und Methodik eines Anthropologen oder eines investigativen Journalisten lernen. Warum also nicht einer Mutter mit einer Teilzeit-Beschäftigung einen Tag lang folgen und dadurch ihren Alltag verstehen? Warum nicht selbst die meist lästige Reisekostenabrechnung machen? Warum nicht selbst für einen Tag als Betreuer im Berliner Jugendzentrum versuchen, die Jugendlichen vor Ort für einen Besuch zu begeistern?

Zu Beginn eines Design-Thinking-Projekts geht es vor allem darum, möglichst viel über das eigentliche Problem zu lernen. Interviews und die Beobachtung von potenziellen Nutzern bzw. Betroffenen sind neben der Web-Recherche oder dem „Selbst-Ausprobieren" essenzielle Bestandteile einer jeden Recherchephase.

3.4 Die Synthese

Nach dieser Phase des Lernens, des Erforschens und des Informationen Sammelns, geht es im nächsten Schritt – der Synthese – darum, diese Unzahl von Informationen zusammenzutragen, zu strukturieren und für die weiteren Schritte zu priorisieren. Die Synthese als Verdichtung von Information zu einem Standpunkt (dem „Point of View") oder Design-Prinzip ist ein Instrument aus dem klassischen Design und vielleicht das, was Design Thinking seinen Namen eingebracht hat.

Storytelling

Da sich ein Design-Thinking-Team während der Recherchephase meist in mehrere Recherche-Teams aufteilt, sollte zu Beginn dieser Phase immer genügend Zeit für das gegenseitige Erzählen des Gelernten vorhanden sein.

Dieses „Storytelling" läuft meist nach klar definierten Regeln ab: Reihum erzählt ein Teammitglied von einem Interview, einer Beobachtung oder dem Ergebnis einer Online-Recherche. Der Vortragende legt dabei besonders Wert auf die Aspekte, die ihn persönlich am meisten überrascht, erstaunt oder erschreckt haben, die ihn besonders nachdenklich gemacht haben oder die er aus einem anderen Grund für bemerkenswert hält.

Vor allem bei der Beschreibung eines Interviews sollte dies in der Ich-Form geschehen.

Also nicht: „Der Jugendliche Mirko möchte nicht den Eindruck erwecken, im Jugendzentrum nach Aufmerksamkeit zu suchen."

Sondern: „Also, ich bin der Mirko, und wenn ich ins Jugendzentrum gehe, möchte ich nicht den Eindruck erwecken, ich brauche jemanden, der mir zuhört. Das ist uncool und meine Jungs machen mir die Hölle heiß."

Hier ist also durchaus ein wenig Schauspielkunst willkommen und jeder sollte so viel von der gewonnenen Empathie wie möglich in „seine" Rolle legen. Dadurch lernt das gesamte Projektteam den Nutzer Mirko besser kennen und kann so als Team in den folgenden Schritten an Lösungen arbeiten, die Mirkos Bedürfnissen entsprechen.

Informationen sichtbar machen
Die während des Storytelling entstandenen Informationen werden von den Teammitgliedern auf Haftnotizblöcken notiert, wobei pro Blatt nur eine Information notiert sein sollte. Ein Bild sagt dabei meist mehr als viele Worte, daher sollte man von Anfang an versuchen, die entsprechende Information nicht nur schriftlich, sondern auch visuell festzuhalten. Darüber hinaus ist es jetzt auch an der Zeit, die gesammelten Fotos, Ausdrucke, Grafiken oder sonstige Artefakte aus der Recherchephase im Team-Raum sichtbar zu machen.

Die „richtige" Synthese
Die Synthese gilt gemeinhin als einer der „Knackpunkte" eines Design-Thinking-Projekts. Schließlich geht es darum, die „wirklich wichtigen" Informationen herauszufiltern, die „wirklich entscheidenden" Erkenntnisse zusammenzufassen bzw. die „wirklich notwendigen" Bedürfnisse der potenziellen Nutzer zu verstehen.
Und in der Tat bedarf es für eine „gute" Synthese einiges an Übung und Erfahrung, andererseits aber ist auch

dieser Schritt in keiner Weise „final", sondern kann bei Bedarf wiederholt werden – idealerweise unter Berücksichtigung neuer Erkenntnisse (die vielleicht dadurch entstanden sind, dass in einer ersten Synthese nicht die „richtigen" Informationen herausgefiltert wurden).
In der Praxis vieler Design-Thinking-Projekte haben sich etliche Methoden bewährt, die Ihnen helfen können, die Informationen zu systematisieren und die wichtigen Informationen (die „Goldnuggets") zu finden. Ein paar interessante Werkzeuge wollen wir an dieser Stelle vorstellen:

2x2-Matrix:
Mithilfe einer 2x2-Matrix können die gesammelten Informationen anhand zweier frei wählbarer Aspekte gruppiert werden. Dadurch lassen sich oft Abhängigkeiten oder Zusammenhänge finden und sichtbar machen.

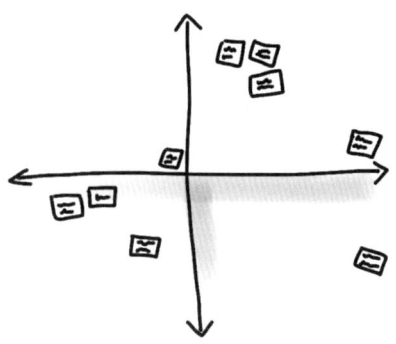

Venn-Diagramm:
Möchte man die gesammelten Informationen anhand mehrerer sich überschneidenden Aspekte gruppieren, eignen sich Venn-Diagramme.

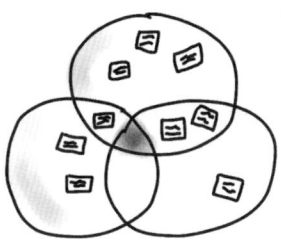

Storyboard:
Vor allem wenn es darum geht, eine auf den gesammelten Informationen basierende „Geschichte" zu erzählen, empfiehlt sich die Erstellung eines Storyboards, das ähnlich wie ein Comic die wichtigsten Momente (beispielsweise des „typischen" Tages einer Mutter in Teilzeitarbeit) darstellt.

Persona:
Die wohl am häufigsten verwendete Beschreibungsform für die gefundenen Informationen ist die Persona, die den „typischen" Nutzer beschreibt (ein Beispiel dafür geben wir im folgenden Abschnitt).

Zeitachse:
Vor allem wenn zeitliche Abläufe und Zusammenhänge beschrieben werden sollen, ist die Anordnung der entsprechenden Informationen anhand einer Zeitachse sinnvoll. Dabei werden die für die Fragestellung relevanten Zeitpunkte als Rasterung gewählt. Beispielsweise werden die Informationen, die bezüglich der Reisetätigkeit von Geschäftsreisenden gesammelt wurden, anhand des zeitlichen Verlaufs der Reise strukturiert, also beispielsweise „vor der Reise" oder „während der Reise".

Empathy-Map:
Wie schon erwähnt, sind nicht nur die eigentlichen Antworten während eines Nutzer-Interviews wichtig. Um auch die wahrgenommenen Emotionen, Gesten oder Handlungen zu dokumentieren, werden in einer Empathy-Map genau diese Aspekte (oft in Kombination mit einer Persona) beschrieben: Was sagt der Nutzer? Was fühlt er dabei? Was tut er dabei?

Der „Point of View" (POV)

Das Ergebnis der Synthese wird in den meisten Fällen als Point of View (POV) zusammengefasst und besteht aus einer oder mehreren Personas, deren Bedürfnissen und den wichtigsten damit zusammenhängenden Informationen aus der Recherchephase. Basierend darauf werden dann konkrete Fragen formuliert, die im nächsten Schritt als Grundlage für die Lösungsfindung dienen. Diese Fragen werden oft in der Form „Wie können wir unserem Nutzer helfen, ein bestimmtes Ziel zu erreichen" formuliert. Wir wollen dies an einem Beispiel verdeutlichen:

Mirko ist 16. Er ist Hauptschüler und hat zwei jüngere Geschwister, um die er sich ab und an kümmern muss. Seine Mutter ist alleinerziehend und damit meist überfordert. Als Konsequenz davon ist Mirko meist auf sich allein gestellt. Wichtigster sozialer Kontakt ist seine Clique, die aus circa acht Jungs und Mädels in Mirkos Alter besteht. Er will vor allem „cool" sein und bei den Mädels nicht als „Weichling" gelten. Sein auffallender Silberschmuck soll ihm den in seinen Augen dafür nötigen „Gangsta"-Touch geben. Mirko bastelt gern an seinem Moped und findet die Möglichkeit, dies unter Anleitung im Jugendzentrum zu tun, durchaus interessant. Er weiß aber nicht, wie seine Clique darauf reagieren würde.

Darauf aufbauend könnten sich folgende Fragen für die weiteren Schritte ergeben:
- Wie können wir Mirko helfen, die Angebote des Jugendzentrums anzunehmen, ohne bei seiner Clique „sein Gesicht" zu verlieren?
- Wie können wir Mirko die Möglichkeit geben, einerseits die Werkstatt des Jugendzentrums zu benutzen und andererseits auch auf seine kleinen Geschwister aufzupassen?
- Wie können wir Mirko darin bestärken, mit mehr Selbstvertrauen das zu tun, was ihm Spaß macht, ohne ihm seine „Coolness" zu rauben?

Die Synthese dient dazu, aus der Vielzahl der gesammelten Informationen diejenigen zu extrahieren, auf die sich das Team in den folgenden Schritten konzentrieren will. Als Resultat wird mit dem „Point of View" ein konkreter Nutzer mit seinen Bedürfnissen beschrieben, der als Startpunkt für die anschließende Ideenfindungsphase dient.

3.5 Die Ideenfindung

„Jetzt endlich ist es so weit – wir dürfen nach Lösungen suchen." Solche oder so ähnliche Reaktionen haben wir in unseren Design-Thinking-Projekten schon erlebt, wenn jeweils eine Iteration der Recherche und Synthese „endlich" durchstanden und jedes Teammitglied dazu aufgerufen ist, Lösungsideen zu finden.
Eine gut gemachte Recherche und Synthese kann zeit- und arbeitsintensiv sein, sodass die Ideenfindung wie eine Befreiung wirken kann. Ideen, die während der Forschungsphase entstehen, müssen übrigens nicht dogmatisch unterdrückt, sondern geparkt und in der jetzt folgenden Phase aktiviert werden.

Das Brainstorming

Der zentrale Punkt der Ideenfindungsphase ist das klassische „Brainstorming". Dabei geht es darum, möglichst viele Ideen zu erzeugen und auch Ideen zu finden, die man so vorher noch nicht hatte.

Die Grundkonstellation eines Brainstormings besteht aus einer limitierten Zeit, einem konzentrierten Team und Platz, um Ideen zu sammeln und sichtbar zu machen. Dazu gibt es eine Unzahl von Brainstorming- und Kreativitätstechniken, von denen wir an dieser Stelle nur ein paar beispielhaft erwähnen wollen:

- Randbedingungen ändern: Wir alle sind allzu oft in unseren alltäglichen Denkmustern gefangen. Menschen fliegen nicht, Zauberer gibt es nur im Märchen und Geld ist eben für die meisten von uns keine unbegrenzte Ressource. Um genau solche Denkmuster während der Ideenfindung zu überlisten, werden diese ganz einfach „aufgehoben". Beispielsweise durch die Einladung an das Team: „Wie würde Superman dieses Problem lösen?", oder: „Was wäre, wenn ihr unbegrenzt Geld zur Verfügung hättet?"
- In bestimmte Rollen schlüpfen: Wir kennen sie wohl alle: Den Träumer, der die Welt verbessern möchte. Den Realisten, der vor allem die Probleme einer Idee sieht. Den Visionär, dem Machbarkeit nicht wichtig ist. Diese unterschiedlichen Rollen sind ansatzweise wohl in jedem Team vertreten, können aber während der Ideenfindung noch verstärkt werden, indem diese Rollen explizit an einzelne Teammitglieder vergeben werden. Wer Mut zum Spielerischen hat, kann zudem entsprechende Schilder oder Hüte unter den Teammitgliedern verteilen, die dann helfen können, noch besser in der entsprechenden Rolle aufzugehen.

- In Bewegung sein: Brainstorming ist kein Gespräch, sondern eine physische Aktivität. Gerade während der Ideenfindung hat sich körperliche Bewegung als hilfreich erwiesen. Lassen Sie doch einmal Ihr Team im Kreis laufen und jeder muss pro Runde eine Idee in den Raum werfen.

Neben den konkreten Methoden, bei denen jeder seine ganz persönlichen Favoriten finden muss, wollen wir an dieser Stelle ein paar „Verhaltensregeln" auflisten, die sich für die Ideenfindung in Design-Thinking-Projekten bewährt haben und an die vor einem Brainstorming erinnert werden sollte:
- Ideen werden nicht bewertet oder diskutiert. Stattdessen sollten Ideen weiterentwickelt werden.
- Es gibt keine (zu) verrückten Ideen.
- Im Team wird immer nur eine Idee gleichzeitig vorgestellt, und zwar zügig.
- Ideen sollten – wenn möglich – visuell beschrieben werden und nicht nur schriftlich.
- Jeder ist dazu aufgerufen, die Ideen anderer zu neuen Ideen weiterzuentwickeln.
- Es geht zuerst einmal um Quantität, nicht um Qualität.

Auch hier empfehlen wir – ähnlich wie beim Storytelling – die Verwendung von Haftnotizblöcken, um die einzelnen Ideen festzuhalten. Und meist motivieren gewagte Ziele wie „Lass uns 50 Ideen in 20 Minuten finden" ein Design-Thinking-Team zusätzlich. Wir empfehlen auch die Verwendung von unterschiedlichen Methoden während eines Brainstormings, und ein wenig körperliche Bewegung bringt, wie beschrieben, in der Tat oft zusätzliche kreative Energie ins Team.

Auswahl einzelner Ideen

Nach der Ideenfindung kommen wir nun zu einem weiteren, oft kniffligen Punkt in einem Design-Thinking-Prozess: die Auswahl einiger weniger Ideen, die man weiterverfolgen möchte. Auch hier bedarf es der Erfahrung und eines „guten Gespürs", andererseits aber geht es vor allem darum, mit „irgendeiner" Idee anzufangen, diese weiterzuentwickeln, dadurch dazuzulernen und darauf aufbauend eine neue oder verbesserte Idee zu entwickeln.

Kriterien, anhand derer man Ideen auswählen kann, sind beispielsweise die folgenden:

- Was ist die radikalste Idee?
- Welche Idee würde dem Nutzer am meisten helfen?
- Welche Idee verstehen wir am wenigsten? Welche Idee verstehen wir am besten?
- Welche Idee scheint am einfachsten zu realisieren? Welche Idee scheint am schwierigsten zu realisieren?
- Welche Idee hat auf den ersten Blick am meisten Marktpotenzial?
- Welche Idee interessiert uns schlicht und einfach am meisten?

Gerade in einer frühen Phase der Lösungsfindung gibt es oft mehrere Ideen, die im Team Fürsprecher haben, was zu endlosen Diskussionen führen kann. Es kann sich lohnen, in solchen Situationen das Team aufzuteilen und mehrere Ideen parallel weiterzuentwickeln. Darüber hinaus empfehlen wir auch hier die Einführung eines „Ideen-Speichers", in dem Ideen „geparkt" werden können, die das Team im Augenblick nicht weiterverfolgen kann oder will. Dieser Ideen-Speicher sollte gut sichtbar im Team-Raum verfügbar sein.

Mit den Händen denken

Nun geht es nicht darum, die eine oder die andere Idee „theoretisch" zu analysieren oder durchzudiskutieren, sondern darum, möglichst schnell und einfach allererste Prototypen zu bauen, die die Idee oder bestimmte Aspekte davon veranschaulichen, konkretisieren und anfassbar machen. Das Design-Thinking-Team „denkt mit den Händen", denn durch visuelle und anfassbare Prototypen werden Ideen im Team erfahrungsgemäß viel schneller verstanden, weiterentwickelt oder verworfen. Ob einfache Skizzen, bunte LEGO-Welt oder im wahrsten Sinne des Wortes anfassbare Prototypen aus Pappe, Kleber und buntem Papier – der Fantasie sind keine Grenzen gesetzt und alles und jeder kann für einen Prototyp verwendet werden. Auch Rollenspiele sind eine hervorragende Methode, beispielsweise wenn es um das Konkretisieren von innovativen Service- oder Dienstleistungsideen geht.

Neben der grundsätzlichen Veranschaulichung einer Idee bzw. dem darunterliegenden Konzept kann ein Prototyp auch spezielle Aspekte einer Idee konkretisieren. Oft lohnt es sich dabei vor allem, die „systemkritischen" Aspekte einer Idee, also die Aspekte, die letztendlich den Erfolg oder die Umsetzbarkeit einer Idee entscheidend bestimmen, gesondert zu betrachten und durch passende Prototypen anfassbar und damit testbar zu machen.

Während der Ideenfindung geht Quantität vor Qualität. Ideen dürfen verrückt sein, und anstatt darüber zu diskutieren, werden Ideen möglichst schnell und einfach als Prototyp konkretisiert und dann im Team weiterentwickelt.

3.6 Ideen testen

Sobald die eine oder andere Idee in Form eines Rollenspiels, einer LEGO-Welt oder eines Papp-Prototyps konkret und anfassbar wird, kann und soll sie getestet werden.

Unfertige Prototypen

Je „unfertiger" und „improvisierter" ein Prototyp ist, desto ehrlicheres Feedback wird der Tester geben. Das liegt zum einen daran, dass sich niemand scheuen muss, eine aufwendige Arbeit zu kritisieren, zum anderen hilft es, sich auf die Funktion und nicht auf die Ästhetik einer Idee zu konzentrieren. Je weniger Zeit und Aufwand in dem Prototyp steckt, desto leichter wird es auch dem Team fallen, diese Idee wieder zu verwerfen und von vorn anzufangen oder eine andere Idee weiterzuentwickeln.

In dieser Phase des Design-Thinking-Prozesses werden Ideen mehrfach entwickelt, konkretisiert, validiert und verworfen oder weiterentwickelt.

Durch diesen iterativen Ansatz entstehen mit hoher Wahrscheinlichkeit Lösungen, die den Bedürfnissen des Benutzers entsprechen, da dieser sie von Anfang an getestet hat und sein Feedback sofort in die Weiterentwicklung eingeflossen ist.

Durch die schnellen und (zumindest zu Beginn) sehr einfachen Prototypen wird sichergestellt, dass die einzelnen Lernzyklen möglichst kurz sind und nicht unnötig viel Zeit und Aufwand in die „falsche" Lösungsidee gesteckt wird.

Wie schon erwähnt, geht es in Design-Thinking-Projekten auch darum, Fehler zuzulassen, sie zu akzeptieren und sie als Möglichkeit des Lernens zu sehen. Wir wollen daher explizit darauf hinweisen, dass auch der „Sprung zurück" nach einer Ideen-Validierung in die Synthese oder gar zu einer erneuten Recherchephase kein „Beinbruch" ist, sondern als weiterer Lernzyklus hin zu einer bestmöglichen Lösung verstanden werden sollte. Gerade dies stellt im Projektalltag oft eine Herausforderung dar, da es dem herkömmlichen zielorientierten Arbeiten und Denken widerspricht.

Um dem Ziel von nutzerzentrierten Lösungen möglichst nahe zu kommen, ist es unabdingbar, mögliche Lösungen von Anfang an mit den potenziellen Nutzern anhand von Prototypen zu testen und deren Feedback in die Weiterentwicklung der Lösung zu integrieren. Dabei spielt es keine Rolle, wie „unfertig" der Prototyp einer Lösung zu Beginn ist. Prototypen können dabei einerseits die grundsätzliche Lösungsidee veranschaulichen, andererseits aber auch nur ganz spezielle Aspekte der Lösung konkretisieren und damit testbar machen.

3.7 Lösungen implementieren

Am Ende eines Design-Thinking-Projekts sollen innovative Produkte, Dienstleistungen oder sonstige „Erlebnisse" stehen, die den Bedürfnissen der Nutzer entsprechen, die (technisch) machbar sind und die gleichzeitig auch wirtschaftlich erfolgreich umsetzbar sind.

Sicherstellen von Machbarkeit und Wirtschaftlichkeit

Durch den beschriebenen Ansatz des kontinuierlichen Lernens basierend auf Lösungsprototypen entstehen in Design-Thinking-Projekten mit hoher Wahrscheinlichkeit wünschbare Lösungen, die aber selbst nach mehrmaligen Iterationen noch Prototypen sind.

Um auch die anderen beiden Dimensionen von Innovation (Machbarkeit und Wirtschaftlichkeit) sicherzustellen, sollten Sie zusätzliche Iterationen im Design-Thinking-Prozess vorsehen/einplanen und dafür beispielsweise zusätzliche Prototypen erstellen, die sich darauf konzentrieren, speziell diese Dimensionen zu testen.

Also Werkstoffexperimente, Pilotprojekte oder erste Software-Prototypen für die Machbarkeit. Und Businesspläne oder Businessmodell-Darstellungen für die Wirtschaftlichkeit. Speziell die Ansätze und Ideen rund um „Business Model Generation" und „Lean Startup" lassen sich an dieser Stelle wunderbar in den Design-Thinking-Prozess integrieren und helfen die Wirtschaftlichkeit einer Lösung zu verifizieren bzw. weiterzuentwickeln.

Übergang zur Implementierung

Sind neben der Wünschbarkeit auch die Machbarkeit und die Wirtschaftlichkeit der Lösung verifiziert, gilt es, die letzte Hürde zum konkreten Produkt oder der nutzbaren Dienstleistung zu nehmen – den Übergang in die Implementierungsphase.

Handelt es sich bei der Lösung um ein Produkt, muss dieses hergestellt und vermarktet werden. Handelt es sich um eine neue Dienstleistung oder um einen verbesserten Prozess, muss dieser in einer Organisation oder einer Behörde konkret umgesetzt werden.

Dabei geht es weniger um noch mehr neue, innovative Ideen, sondern vor allem um die effiziente und zuverlässige Umsetzung der vorhandenen und als gut befundenen Lösung.

Oft werden an dieser Stelle Design-Thinking-Projekte beendet und Implementierungsprojekte gestartet. Dies kann zu „Brüchen" führen, die am Ende eine erfolgreiche Umsetzung einer im Grunde guten Lösung verhindern können. Wir wollen diese Thematik an einem Beispiel aus der Softwarebranche im folgenden Abschnitt vorstellen.

Von der Idee zur Innovation

Wie schon im einführenden Kapitel erwähnt, macht eine Idee noch keine Innovation. Wenn nach Iterationen durch den Design-Thinking-Prozess ein wünschbarer Prototyp entstanden ist, gilt es, auch in den weiteren Dimensionen von Innovation eine klare Vorstellung zu gewinnen.

Die Machbarkeit einer Idee können oft Experten einschätzen, die sich mit den nötigen Materialien oder Ressourcen auskennen. Die Wirtschaftlichkeit ergibt sich aus dem Preis, den Nutzer bereit sind, für den Nutzen zu zahlen.

Es gibt eine ganze Reihe Tools und Methoden, die helfen können, den Weg zum Produkt effizient zu gestalten. In vielen Branchen und Start-ups spielen beispielsweise Lean Management und agile Softwaremethoden eine große Rolle. Lean Management beschreibt die Gesamtheit an Denkansätzen, Methoden und Werkzeugen, um eine möglichst effiziente Gestaltung der gesamten Wertschöpfungskette industrieller Güter sicherzustellen. Agile Softwaremethoden erweitern diese branchenunabhängigen Ansätze um konkrete Arbeitsmodelle für die professionelle Softwareproduktion.

Zum Thema Lean Management als Komplementärmethode zu Design Thinking möchten wir im Folgenden einige Erkenntnisse auflisten, die wir in unseren Projekten in diesem Umfeld sammeln durften:

- Lean Management und Design Thinking können sehr wohl kombiniert werden und stellen keinen grundsätzlichen Widerspruch dar.
- Während Lean Management Antworten auf die Frage liefert, wie Produkte effizient und planbar gebaut werden können, bietet Design Thinking Antworten auf die Frage nach der „richtigen" Produktidee.
- Von Beginn an sollte ein Design-Thinking-Team auch Vertreter beinhalten, die später für die Implementierung verantwortlich sind. Wir raten dringend davon ab, diese Rollen getreu dem Motto „Wir definieren, was andere bauen" zu trennen.
- Auch in einer Implementierungsphase gibt es Aspekte, die sehr gut mit Design-Thinking-Methoden erarbeitet werden können. Es gibt aus unserer Sicht keinen Grund, einen „harten" Schnitt zwischen einem Design-Thinking-Projekt und einem Implementierungsprojekt ziehen zu wollen. Dennoch zeigt sich, dass Eigenschaften einer Idee oder eines Prototyps in der Implementierungsphase eine gewisse Stabilität haben sollten.

Wir sind sehr gespannt, wie sich die Arbeitswelten durch eine sinnvolle Kombination von Lean Management und Design Thinking weiterentwickeln werden, getreu dem Motto: „Die Dinge richtig tun. Und die richtigen Dinge tun."

3.8 Projektbeispiele

Nachdem wir in den letzten Abschnitten den Design-Thinking-Prozess beschrieben haben, wollen wir im Folgenden die Anwendung von Design Thinking in der Praxis durch einige passende Projektbeispiele illustrieren.

Die Neuerfindung des Flughafens
Dieses Projekt fand an der School of Design Thinking in Potsdam statt. Ein Konsortium von Unternehmen bat ein Team von Studenten darum, das Thema Sicherheit am Flughafen neu zu denken und nach innovativen Dienstleistungen oder Produkten dafür zu suchen.
Das Team erforschte das Thema breit und mit Informationen aus erster Hand. Gespräche mit Experten und Beobachtungen, unter anderem am als sicherster Flughafen der Welt geltenden Airport von Tel Aviv, brachten eine Menge Erkenntnisse und mögliche Ansatzpunkte für Innovationen hervor. In der Synthese zeichnete das Team ein klares Bild von Flughafen-Nutzern und ihren Schmerzpunkten: Sicherheitskontrollen sind

stressig, vor allem weil sie lang dauern, man sich schnell darauf vorbereiten muss und in der kurzen Zeit so viel falsch machen kann („Gürtel bitte auch noch aus!"). Wie also können diese Kontrollen effizienter und gleichzeitig stressfreier gestaltet werden?

Das Team stieg in die Ideengenerierung ein und landete bei einem außergewöhnlichen Lösungsszenario: In Zukunft sollte es an Flughäfen nicht nur Gepäckwagen, sondern zusätzlich auch kleine, schlanke Trolleys geben, die man vor der Sicherheitskontrolle bekommt. Statt sich unter Stress auf die Kontrolle vorzubereiten, sollten Fluggäste in Ruhe ihr Handgepäck, aber auch kleine Gegenstände aus ihren Taschen im praktischen Rollwagen verstauen, der dann komplett durch eine neu konstruierte Sicherheitsschleuse gefahren wird.

Die Einfachheit dieser zunächst aus Holz prototypisch umgesetzten Idee begeisterte ihre Auftraggeber. Das Team hatte durch eine Verknüpfung von Empathie und Kreativtechniken eine wirklich nutzerzentrierte Lösung gefunden. Anschließend war das Projekt in der Diskussion zur Implementierung und Patentierung.

Alzheimer-Patienten in der Notaufnahme

Die Notwendigkeit einer Innovation wurde einem großen Krankenhaus in Berlin schmerzvoll vor Augen geführt: In einem besonders strengen Winter war eine Patientin der Notaufnahme plötzlich verschwunden. Fast erfroren wurde sie später auf dem Krankenhausgelände gefunden. Die Patientin hatte Alzheimer.

Ein Studententeam der School of Design Thinking beschäftigte sich im Auftrag des Krankenhauses mit diesem komplexen Thema. Natürlich gab es auf Basis erster Annahmen schnell Überlegungen zu möglichen Ortungssystemen, GPS-Armbändern und ähnlichen technologiebasierten Lösungen.

Da sich das Team aber nicht mit diesen „offensichtlichen" Lösungen zufriedengeben wollte, startete es mit einer zunächst sehr offenen Forschungs-Phase. In dieser Zeit sprachen sie mit Ärzten und Pflegekräften, lasen sich in das Thema ein, beschäftigten sich mit Patienten und besuchten auch selbst die Notaufnahme, um möglichst viel Empathie für ihre Nutzer aufzubauen.

Den aus der Synthese entstehenden Point of View fasste das Team als Video zusammen: ein kurzer, schnell geschnittener Clip mit vielen Farben, Situationen und hektischer Tonuntermalung. So, ließ das Team wissen, fühlt sich ein Alzheimer-Patient in der Notaufnahme. Und Alzheimer-Patienten, die sich gestresst und verunsichert fühlen, laufen nicht selten einfach weg.

Der Schwerpunkt des Teams änderte sich somit: Anstatt nur das Symptom zu bekämpfen, wollte das Team an der Wurzel des Problems arbeiten und den Stress für Alzheimer-Patienten reduzieren.

Nach der Ideengenerierung bekam dabei ein Prototyp besonders viel Interesse der Projektpartner: ein kleines Spielzeug-Krankenbett, das das Team mit einer Stoffhaube versehen hatte, ähnlich wie die Abdeckung an einem Kinderwagen. Die Mediziner waren überrascht, sahen aber das Potenzial und ließen einen lebensgroßen Prototyp an ein echtes Krankenbett bauen. Die Abgeschiedenheit von der Hektik der Notaufnahme und der Einsatz einer beruhigenden Projektion an die Innenwand der Haube am Kopfteil kann möglicherweise tatsächlich Stress reduzieren. Anschließend wurde das Projekt mit einer medizinischen Studie fortgesetzt.

Trainingsunterstützung von Seglern und deren Trainern

Im Rahmen eines Sponsorings für das Sailing Team Germany (STG) durch den Softwarekonzern SAP entstand der Wunsch, die Segler und ihre Trainer durch Softwarelösungen zu unterstützen.

Das eigens dafür eingerichtete Projektteam bestand aus Entwicklern, Usability-Experten, Managern und Studenten, die allesamt keinerlei Segelexpertise hatten, in einer sehr intensiven Recherche-Phase (unter anderem während der Kieler Woche) aber in kürzester Zeit zu den bereits erwähnten „Sofortexperten" wurden. Vor allem die Beobachtungen vor Ort und zahlreiche Interviews mit Seglern und Trainern verhalfen zu einem ganzheitlichen und tiefen Verständnis der Bedürfnisse, das letztendlich zu der Definition der konkreten Fragestellung führte: „Wie können wir Segler und Trainer dabei unterstützen, ihr Segelwissen zu speichern, zu analysieren und anderen zugänglich zu machen?"

Durch mehrere Ideenfindungs- und Prototyping-Iterationen wurden erste Lösungsansätze entwickelt und validiert. Zuerst auf Basis von Storyboards und Papier-Prototypen, später auch durch Software-Prototypen. Am Ende entstand dadurch mit „SAP Sail Better" eine Cloud-basierte Wissensdatenbank, die es erlaubt, segelspezifisches Wissen für bestimmte Segelreviere und Wetterbedingungen zu speichern und zu recherchieren.

Begleitend zu den Design-Thinking-Aktivitäten wurden in diesem Projekt zudem zahlreiche Methoden eingesetzt, die sich innerhalb der Einführung von Lean Management und agilen Softwaremethoden als sinnvoll erwiesen haben. Beispielsweise wurde dank einer sehr umfangreichen User-Story-Map der gesamte Backlog (Arbeitsliste) der späteren Implementierung beschrieben und strukturiert.

Der Design-Thinking-Prozess ist ein hochgradig iterativer Ansatz, bei dem es zuallererst darum geht, das eigentliche Problem möglichst gut und ganzheitlich zu verstehen, bevor mit der Lösungsfindung begonnen wird.

Das kontinuierliche Testen der Lösungsideen durch potenzielle Nutzer unter Verwendung von einfachen und schnell zu erstellenden Prototypen hilft dabei, die benötigten Lernzyklen schnell und kostengünstig zu realisieren.

Steht zu Beginn eines Design-Thinking-Projekts stets die Wünschbarkeit einer Lösung im Vordergrund, werden in späteren Iterationen auch die Machbarkeit und die Wirtschaftlichkeit einer Lösung verifiziert.

30 MINUTEN

Wie kann ich günstig einen zu Design Thinking passenden Raum gestalten?

Seite 70

Wie kann ich mit meinem bestehenden Team Design Thinking leben?

Seite 75

Was bedeutet der Design-Thinking-Prozess für meine tägliche Arbeit?

Seite 79

4. Design Thinking einsetzen

Wir sind es gewöhnt, ja wir sind geradezu darauf programmiert, uns Fragestellungen mit einem großen „Was?" zu nähern: „Was könnte die Lösung sein?", „Was braucht der Markt?" oder „Was ist die nächste Version unseres Produkts?". Schnell ziehen wir Schlüsse, folgen unserer Intuition und arbeiten auf Basis von Annahmen, nach bestem Wissen und mit dem Druck, am Ende möglichst gut dazustehen. Vor unserem Chef, unseren Kunden oder Kollegen. Wenig Energie fließt dagegen in die Frage, *wie* man eigentlich zum besten Ergebnis kommt.

Die vielen Aspekte, die sich unter Design Thinking zusammenfassen lassen, beziehen sich, wie wir schon gesehen haben, dagegen genau auf die Frage, *wie* wir Probleme lösen und welche Grundhaltung wir dem Finden von Ideen entgegenbringen. Design Thinking zu nutzen heißt, sich das Ziel eines Projekts zu Beginn bewusst zu machen und den Weg dorthin so zu strukturieren, dass das beste Ergebnis herauskommt, selbst wenn die einzelnen Zwischenschritte unbequem oder antiintuitiv scheinen.

4.1 Bewusst mit Räumen umgehen

Wir haben bereits diskutiert, wie eine Umgebung beschaffen sein muss, die Innovationsarbeit begünstigt. Beschäftigen Sie sich also mit Ihren Arbeitsräumlichkeiten: Welche Arbeitsweisen unterstützt Ihre derzeitige Umgebung wirklich? Ihr Schreibtisch beispielsweise ist typischerweise ein „Ich-Ort", der Ihre ganz persönliche stille Konzentration beflügeln soll. Gibt es in Ihrem Umfeld einen Ort, der in gleicher Weise für kreative Kollaboration optimiert ist?

Im Unternehmen ist der klassische Kollaborationsort meist der Sitzungsraum. Das heißt: bequeme Stühle, die, ähnlich wie im Kino, einer Leinwand zugewandt sind, eine Stirnseite, wo üblicherweise der Redner steht, und in der Mitte ein riesiger, schwerer Tisch, dessen Fläche nur selten genutzt wird. Viele solcher Räume sind für eine Frontalkommunikation optimiert, nicht jedoch für echte Teamarbeit, zu der jeder gleichwertig beiträgt. Das Ergebnis sind ermüdende Sitzungen, in denen sich Teilnehmer missverstehen, manche wenig oder gar nichts sagen und viel zu oft das eigentliche Ziel nicht erreicht wird.

Räumliche Gegebenheiten hinterfragen

Ist der schwere Schreibtisch wirklich wichtig für das, was in diesem Raum passieren soll? Design Thinking empfiehlt – wie schon beschrieben – flexible Arbeitsumgebungen: Kann der Tisch vielleicht durch mehrere kleine ersetzt werden, die auf Rollen verschieden kombiniert werden können?

Denken Sie an ein Team von fünf bis sechs Personen, die über lange Zeiträume konzentriert zuhören sollen. Die Erfahrung hat gezeigt, dass stehend zu arbeiten nicht nur gesund ist, sondern Teilnehmer auch aktiv hält. Darüber hinaus hilft Stehen, zu bemerken, wann ein Meeting oder Workshop eine Pause braucht.

Im Ergebnis schaffen Sie ein Team, dessen Mitglieder sich während der Arbeit ständig bewegen, mal sitzen, mal anlehnen, mal frei stehen. Ausgehend vom klassischen Meeting mag das chaotisch erscheinen – tatsächlich ist es jedoch genau die positive Unruhe, die ein Team braucht, um effizient Außergewöhnliches zu schaffen.

Raum für Informationen

Zurück zum klassischen Sitzungsraum. Während ein großer Teil der dort diskutierten Information oft in Form von Folien mitgebracht wird, gibt es für direkt im Meeting entstehende Ideen und Fakten üblicherweise ein Flipchart. Auch dieses ist ein klassisches Soloinstrument und bietet nur sehr beschränkten Raum. In erfolgreichen Design-Thinking-Projekten entstehen Unmengen von Ideen und Datenpunkten, die dem Team bei der Arbeit präsent bleiben sollen. Wir empfehlen deshalb, alle verfügbaren horizontalen Flächen einer Innovationsumgebung zum „Raum für Informationen" zu machen. Whiteboards sind großartig, aber auch nicht gerade günstig. Deshalb hier einige praktische Alternativvorschläge:

- Elektrostatische Whiteboard-Folie haftet rückstandsfrei an jeder Wand, ist beschreibbar, abwaschbar und transportabel. Ein großartiger Weg, um jede Wand zum Whiteboard zu machen.
- Fenster sind glatt, abwaschbar, in jedem Raum vorhanden und perfekt als Raum für Informationen zu verwenden.
- Schaumkernplatten sind meist nicht abwaschbar, aber in angenehmen Größen zu kaufen (zwei Meter hoch) und dennoch sehr gut transportabel. Besonders wenn Informationswände von Stockwerk zu Stockwerk transportiert werden sollen, sind sie beispielsweise rollbaren Whiteboards klar überlegen.

Gehen Sie davon aus, dass ein Team über die gesamte Laufzeit Ihres Design-Thinking-Projekts die Möglichkeit haben soll, sich mit früher erstellten Daten zu umgeben. In einem idealen Projektsetting heißt das, wie bereits angesprochen, dass pro Thema ein exklusiver Raum vorhanden ist, in dem das Projekt „lebt" und das Team sich über seine Arbeit eine räumliche „Wissenslandkarte" aufbaut. Diese Räume können nach wenigen Sitzungen für Außenstehende chaotisch aussehen – für das Team jedoch sind sie systematische Dokumentationen ihrer Erinnerung. Sollte Ihr Team nicht die Möglichkeit eines designierten Arbeitsortes bekommen, überlegen Sie, wie Sie Informationen mitnehmen und auch schnell wieder in ihrer ursprünglichen Ordnung aufbauen können.

Über Räume nachzudenken, heißt also vor allem, über Raumnutzung nachzudenken:

- Ist nur ein Team im Design-Thinking-Raum beschäftigt?
- Finden im Raum noch andere Aktivitäten statt? (Würden wir nicht empfehlen.)
- Dürfen Daten, Nutzeraussagen und Ideen von jedem eingesehen werden?
- Wie können Informationen transportiert werden und trotzdem in ihrer Systematik erhalten bleiben?

Materialien für Prototypen

Ideen schnell anfassbar zu machen, heißt im Design Thinking nicht nur, etwas auf Whiteboards zu schreiben. Ideen, die nur als Worte über den Tisch fliegen oder als Stichpunkte verewigt werden, sind anfällig für Missverständnisse und ermüdende, ineffektive Diskussionen („Ach, so meinst du das ...!"). Ein perfekter Katalysator für solche Gespräche sind die schon erwähnten Prototypen. Dieser Begriff lässt uns vielleicht zuallererst an Gips-Rohlinge neuer Autos denken – wie schon erwähnt vertritt Design Thinking aber ein erweitertes Verständnis davon, indem alles als Prototyp darstellbar ist: Prozesse, Erlebnisse, Arbeitsabläufe, Geräte, Interaktionen etc.

Damit Teams dem Impuls folgen können, aus Worten anfassbare Prototypen zu machen, müssen sie jederzeit auf ein Sortiment flexibler, einfacher Ressourcen zugreifen können.

Schon für 100 Euro lässt sich ein Grundsortiment an Prototyping-Material zusammenstellen. Bewährt haben sich dabei die folgenden Materialien:
- Papier verschiedener Größen, Farben und Stärken
- LEGO-Bausteine und -Figuren
- Styropor und Plastikbecher
- Kisten und Pappe
- Pfeifenreiniger
- Knete

Gemeinsam mit Werkzeugen wie Scheren, Teppichmessern, Tackern und Kleber können mit diesen wenigen Materialien fast alle Ideen einfach und günstig anfassbar und damit verständlich gemacht werden. Natürlich können auch digitale Prototypen eine Rolle spielen (zum Beispiel PowerPoint-Folien, die Software darstellen), aber analoge Prototypen sind vor allem in einer sehr frühen Phase eines Projektes zum Sammeln von Feedback praktisch unschlagbar. Wichtig ist, dass die angebotenen Materialien wirklich in unmittelbarer Reichweite des Teams sind und jederzeit zum Einsatz kommen können.

Flexibilität ist das Leitprinzip eines guten Design-Thinking-Umfelds. Außerdem sollten Räume kreative Kollaboration fördern, Platz für Wissen bie-

ten und schnelle, günstige Prototypen möglich machen.

4.2 Bewusst mit dem Team umgehen

Wenn Sie Ihre Arbeitsumgebung nach neuen Prinzipien gestalten wollen, ist das relativ einfach. Ein paar Möbel raus, ein paar Anschaffungen und schon kann es losgehen. Die Menschen, mit denen Sie zusammenarbeiten, können Sie sich dagegen nicht einfach im Laden aussuchen. Dennoch kann Bewusstsein für das Team auch in Ihrem Innovationsprojekt mit Ihren Kollegen gelebt werden.

Im Team arbeiten und am Team arbeiten

Wie gut kennen Sie eigentlich die Menschen, mit denen Sie zusammenarbeiten? Wissen Sie, was sie abseits des Projekts machen? Welche Hobbys und Passionen sie haben? Welche Teile ihrer Arbeit sie eigentlich gerne tun? In Design-Thinking-Projekten wird bei der Arbeit *im* Team auch die Arbeit *am* Team hervorgehoben.

Warm-up-Übungen, die Teams miteinander bekannt machen, Mitgliedern helfen, sich zu öffnen, und Gruppen zusammenschweißen, sind bei allem Spaß auch professionelle Werkzeuge, um zu besseren Ergebnissen zu kommen. Und lassen Sie sich nicht vom Kindergarten-Image des „Stuhlkreises" abschrecken, es gibt kaum ein besseres Format für eine konstruktive Feedback-Runde.

Lassen Sie doch ein Meeting beispielsweise einmal so beginnen: Statt einer trockenen Vorstellungsrunde („Ich bin der X, ich arbeite seit Y Jahren bei Z und bin für dies und das zuständig.") planen Sie drei Minuten zu Beginn ein, in denen jeder überlegt, was er als Kind gerne werden wollte, und davon eine simple Zeichnung anfertigt. Danach stellt sich jeder Teilnehmer mit seinem damaligen Traumberuf vor. Sie werden sehen: Mit nur drei investierten Minuten hat das Team gemeinsam gelacht, Hierarchien sind in den Hintergrund getreten (die Angst, nicht zeichnen zu können, verbindet) und jeder hat gleichzeitig etwas über die Hintergründe seiner Teamkollegen gelernt. Die drei Minuten sparen Sie garantiert durch eine vertrautere und effizientere Diskussion wieder ein.

Regelmäßige Teambetrachtungen

Wenn Sie mit einem Team über eine längere Zeit zusammenarbeiten, gibt es andere Ansprüche an eine funktionierende Kollaboration, als wenn Sie nur in einem Workshop gemeinsam funktionieren müssen. In Design-Thinking-Teams haben sich „Check-in" und „Check-out" als feste Formate etabliert. Dabei beschäftigt sich das Team an jedem Workshop- oder Arbeitstag vor seiner inhaltlichen Arbeit zunächst mit sich:

- Wie fit ist heute jeder?
- Wie steht man der Arbeit gegenüber?
- Was sollte man heute über seine Teammitglieder wissen?

Über ein zehnminütiges Gespräch hinweg lassen sich so Störfaktoren und Stolpersteine antizipieren, die sonst einfach auf den Inhalt geschoben werden (das klassische „Heute sind wir in der Diskussion nicht weitergekommen" liegt nämlich oft in der Teamdynamik begründet). Der Check-out als Gegenformat ist die kurze, tägliche Retrospektive auf die Teamarbeit. Intuitiv bleibt man nach einem langen Arbeitstag automatisch am Inhalt hängen – man möchte gemeinsam weiterdiskutieren, einschätzen, überlegen. Das kurze Innehalten, um sich zu überlegen: „Wie haben wir heute als Team funktioniert?", erfordert Disziplin, ist aber sehr lehrreich.
Ein Check-out besteht dabei aus einer kleinen Selbstreflexion („Wie fand ich mich heute im Team?") und einem ehrlichen Feedback für andere Teammitglieder.
Diese Art von direkter Kommunikation ist auch in Unternehmen, die viel auf ihre Feedbackkultur halten, meist völlig neu und erfordert Übung und Vertrauen im Team. Der Effekt jedoch kann unglaublich groß sein.

Zusammenstellung von Teams

Wenn Sie in einer Umgebung arbeiten, in der sich Teams für einzelne Projekte neu zusammenschließen, haben Sie einmalige Möglichkeiten, sie von Anfang an nach Design-Thinking-Gedanken aufzubauen. Vier bis sechs Personen sind eine gute Teamgröße, weil damit genug verschiedene Meinungen im Raum stehen und dennoch schnell Entscheidungen getroffen werden können. Setzen Sie bei der Auswahl der Teammitglieder auf Diversität und Interdisziplinarität: Idealerweise bilden sich im Team verschiedene Ausbildungshintergründe, Expertisen, Geschlechter und Altersstufen ab. Machen Sie die unterschiedlichen Stärken transparent und lassen Sie die Teilnehmer darauf aufbauen.

Das „Kernteam" eines Design-Thinking-Projekts sollte möglichst regelmäßig zu gemeinsamen Terminen verfügbar sein (beispielsweise Vollzeit oder immer an bestimmten Wochentagen). Teammitglieder, die eine große Expertise mitbringen, aber wenig Zeit haben, werden den Gesamtfortschritt aufhalten und sollten deshalb lieber als Interview-Partner oder als Teil des erweiterten Teams betrachtet werden. Diese Unterscheidung sorgt in Unternehmen oft für Verwirrung, wo sich Experten möglicherweise auf die Füße getreten fühlen, wenn Sie nicht in jedes Projekt involviert sind, zu dem sie etwas beizutragen hätten. Das Wissen solcher Leute lässt sich effizient nutzen, indem man sie im Rahmen der Recherchephase befragt und später regelmäßig Feedback zu Prototypen geben lässt.

Auch von der Einbindung von Nutzern in das Kernteam möchten wir abraten. Natürlich ist die Perspektive von Nutzern unersetzlich wertvoll – jedoch vor allem als Inspiration für ein Design-Team, das Aussagen und Beobachtungen durch einen kreativen Prozess zu Ideen macht. Dazu gehört zum Beispiel auch, dass das Team Nutzerverhalten interpretiert. Beispiel: „Der Nutzer sagt, er sei am Flughafen nicht gestresst, aber seine Körpersprache sagt etwas ganz anderes." Sind Nutzer direkt Teil des Teams, werden sie zwangsläufig zu Hauptakteuren und schränken möglicherweise den Lösungsraum ein.

Die bewusste Zusammenstellung von Teams und die regelmäßige Reflexion der Teamarbeit erhöhen die Projekteffizienz und die Arbeitszufriedenheit.

4.3 Bewusst mit dem Design-Thinking-Prozess umgehen

Mit Design Thinking zu arbeiten kann unglaublich viel Spaß in Teams bringen. Die Nähe zum Nutzer und die Atmosphäre des spielerischen Ausprobierens motivieren Teams oft in erstaunlicher Weise.

Phasen und Iterationen planen

Auch wenn Design Thinking von außen nicht immer unserem klassischen Bild von zielführender, ernster Arbeit entspricht (wenn beispielsweise Warm-ups anstehen), sind sich erfahrene Teams dennoch stets bewusst, warum sie einzelne Wege und Umwege nehmen. Das bedeutet, sie wissen, ob aktuell Ideen entwickelt oder Entscheidungen getroffen werden sollen oder ob die Teamarbeit zu verbessern ist. Ein bewusster Umgang mit den einzelnen „Arbeitsmodi", die hinter den Design-Thinking-Phasen stehen, ist wichtig, um im Projekt erfolgreich zu sein.

Wenn wir uns den sechsstufigen Prozess nochmals in Erinnerung rufen, teilt er sich, wie wir gesehen haben, in zwei übergreifende Welten: die eine, in der das Verstehen des Ist-Zustands im Mittelpunkt steht, und die andere, in der das Generieren und Testen von Ideen im Mittelpunkt steht. Bei der Planung eines Design-Thinking-Projekts und auch bei der Arbeit selbst sollte immer klar sein, in welchem Teil man sich gerade befindet. Das kann zum Beispiel in den Zielen und Meilensteinen eines Projekts abgebildet werden, indem nach der ersten Projektphase nicht „Version 1" abzuliefern ist, sondern ein tiefes Verständnis von der Lebenswelt des Nutzers.

Vertrauen Sie darauf, dass die Phase des Nur-Verstehens die der Lösungsfindung deutlich beschleunigt. In Projekten verschiedener Größe beansprucht die „Recherchephase" in der Regel über die Hälfte der Zeit bis zum Prototypen.

So wie „Verstehen" und „Entwickeln" geplant werden, sollten auch Iterationen schon am Anfang eines Projekts verbindlich getaktet werden. Es gibt immer unendlich viele Gründe, an einem Prototyp weiterzubauen und ihn zu verfeinern. Nur wenn das Ende einer Prototyp-Iteration im Vorhinein geplant und absehbar ist, werden Teams die Möglichkeit, Prototypen zu testen, wirklich wahrnehmen.

Es hat mehrere Vorteile, Endpunkte und Meilensteine durch Präsentationen oder Feedback-Termine zu markieren:

- Teams werden motiviert, ihre Idee in kurzer Zeit erlebbar zu machen.
- Die Vorstellung von nicht finalen Prototypen zwingt das Team, wirklich iterativ zu arbeiten.
- Eine Präsentation hilft, sich die Essenz der Idee zu vergegenwärtigen und kompakt darzustellen.

Präsentation von Ergebnissen

In Design-Thinking-Projekten haben sich Präsentationen mit nur drei (!) Minuten Redezeit etabliert. Was auf den ersten Blick wenig zu sein scheint, ist bei entsprechender Vorbereitung tatsächlich fast immer ausreichend, um die wichtigsten Fakten einer Idee darzustellen.

Kurzpräsentationen nach jeder Iteration bedeuten in vielen Unternehmen einen Wandel – hin zu einer Kultur, in der es erlaubt ist, unfertige Arbeit zu zeigen. Besonders Managern muss dies transparent gemacht werden, damit es keine Verwirrung gibt, wenn die herausgeputzten PowerPoint-Folien durch handgemachte (aber fundierte!) Papierprototypen abgelöst werden. Damit die Motivation hinter einem gezeigten Ergebnis klar wird, vergessen Sie nicht, den Weg dorthin darzustellen: Die Forschung und Nutzeraussagen, die die Lösung inspiriert haben, sowie die Ideen, die sich als nicht valid erwiesen haben.

> Phasen eines Innovationsprojekts und ihre jeweiligen Arbeitsmodi sollten im Voraus voneinander abgegrenzt und durch Präsentationen markiert werden.

Moderation und Coaching

Wenn Teams tief im Inhalt ihres Innovationsprojekts versunken sind, Abgabetermine einhalten müssen und eine Passion für ihr Thema entwickeln, kommt die Frage, *wie* man arbeiten sollte, klassischerweise oft zu kurz. Deshalb hat es sich zum Standard entwickelt, jedem Design-Thinking-Team einen Coach zur Seite zu stellen oder einen Prozessbeauftragten zu bestimmen, der methodisch versiert ist. Diese Person sollte die methodische Vorstrukturierung der einzelnen Arbeitsphasen übernehmen und diese dann auch entsprechend moderieren.

Design-Thinking-Coaching ist eine überraschend schwierige Aufgabe. Zwischen inhaltlichem Eingreifen und methodischer Planlosigkeit gibt es ein großes Spektrum an Coaching-Stilen, die je nach Team, Thema und Format angepasst werden müssen. Empathie für Teams, diplomatische Moderation und Geduld sind Grundvoraussetzungen für ein effizientes Coaching.

Coachs müssen ausgebildet werden und durch eigene praktische Projekterfahrung eine Intuition für Teamsituationen und die dazu passenden Werkzeuge entwickeln. Zu ihrer Arbeit sollten sie sich von ihren Teams Feedback einholen und mit anderen Coachs austauschen. Zu den Aufgaben eines Design-Thinking-Coachs gehören unter anderem:

- Steuern, dass alle im Team zum Zug kommen
- Die Zeit im Auge behalten
- Zu konstruktiven Diskussionen ermutigen und sich thematisch fokussieren

- Teamentscheidungen herbeiführen, ohne sie zu treffen
- Methoden und Werkzeuge vorschlagen
- Konflikte lösen und Teams motivieren
- Team-Reflektionen durchführen und moderieren

Es empfiehlt sich hier, zunächst mit kürzeren Formaten zu beginnen, also beispielsweise eintägigen Workshops, die durch den Coach vorstrukturiert werden. Diese sind für Coachs gut zu antizipieren und erlauben, dass sich das Team für die komplette Zeit auf die Design-Thinking-Arbeitsstile einlässt. Denn: Streben Sie nicht an, in Vollzeit in einem solchen Modus zu arbeiten. Auch an einem Design-Thinking-Arbeitsplatz gibt es das zurückgezogene Tüfteln, das trockene Beantworten von E-Mails oder die Gespräche zu zweit. Nur eben nicht dann, wenn Sie eine Idee finden wollen, die Sie derzeit noch nicht kennen.

Design Thinking ist keine Kunst, sondern eine Problemlösungskultur, die durch den bewussten Umgang mit Teams, Räumlichkeiten und Herangehensweisen gelebt wird.

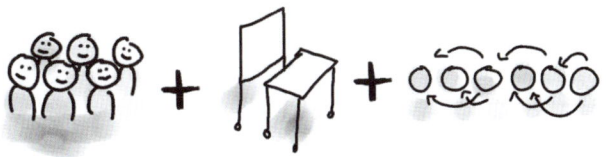

Fast Reader

1. Merkmale von Innovation

Eine Innovation liegt im Schnittpunkt zwischen Wünschbarkeit, Machbarkeit und Wirtschaftlichkeit. Ideen müssen auf alle drei Aspekte hin bewertet werden, und nur wenn alle drei Aspekte berücksichtigt werden, kann eine Idee zur echten Innovation werden.

Dem Thema Innovation kann man sich dabei aus mehreren Richtungen annähern. Design Thinking ist eine strukturierte Herangehensweise, die durch einen Fokus auf die menschliche Wünschbarkeit bessere Produkte und Services schafft, die in der oben beschriebenen Schnittmenge der für Innovationen relevanten Faktoren liegen.

2. Grundelemente des Design Thinking

Design Thinking stellt den Menschen in den Mittelpunkt von Innovationsarbeit. Einerseits als Nutzer, andererseits als Teil eines kreativen und möglichst interdisziplinären Teams.

Design Thinking schafft (Frei-)Räume, in denen Innovationen entstehen und wachsen können. Dabei spielt sowohl die Flexibilität des physischen Arbeitsraums eine Rolle als auch eine Teamkultur, die von gegenseitigem Respekt und Vertrauen, dem Mut zum Scheitern und einer offenen und konstruktiven Feedback-Kultur geprägt ist.

Design Thinking verwendet Methoden und Erfahrungen aus verschiedensten Disziplinen und fördert die Innovationsfähigkeit vor allem über

- *die Kraft hierarchiearmer, interdisziplinärer Teams,*
- *die Herstellung einer flexiblen Umgebung und die Pflege einer respektvollen und fehlertoleranten Arbeitskultur,*
- *einen Prozess, der Teams strukturiert den Arbeitsmodus zwischen Phasen des Problemverstehens, der Ideenfindung und der Lösungsvalidierung wechseln lässt.*

3. Der Design-Thinking-Prozess im Detail

Schon vor Beginn eines Design-Thinking-Projekts gilt es, zusammen mit dem Projektpartner dessen Erwartungshaltung, die originäre Fragestellung und die Natur eines Design-Thinking-Projekts zu diskutieren und sicherzustellen, dass diese Aspekte in Einklang zu bringen sind.

Ein Design-Thinking-Projekt startet mit der Definition der Design Challenge, einer sorgfältigen Projektplanung und einer Phase des Verstehens, die das Projektteam zu „Sofortexperten" macht.

Zu Beginn eines Design-Thinking-Projekts geht es vor allem darum, möglichst viel über das eigentliche Problem zu lernen. Interviews und die Beobachtung von potenziellen Nutzern bzw. Betroffenen sind neben der Web-Recherche oder dem „Selbst-Ausprobieren" essenzielle Bestandteile einer jeden Recherchephase.

Die darauf folgende Synthese dient dazu, aus der Vielzahl der gesammelten Informationen diejenigen zu extrahieren, auf die sich das Team in den folgenden Schritten konzentrieren will. Als Resultat wird mit dem „Point of View" ein konkreter Nutzer mit seinen Bedürfnissen beschrieben, der als Startpunkt für die anschließende Ideenfindungsphase dient.

Während der Ideenfindung geht Quantität vor Qualität. Ideen dürfen verrückt sein, und anstatt darüber zu diskutieren, werden Ideen möglichst schnell und einfach als Prototyp konkretisiert und dann im Team weiterentwickelt.
Um dem Ziel von nutzerzentrierten Lösungen möglichst nahe zu kommen, ist es unabdingbar, mögliche Lösungen von Anfang an mit den potenziellen Nutzern anhand von Prototypen zu testen und deren Feedback in die Weiterentwicklung der Lösung zu integrieren. Dabei spielt es keine Rolle, wie „unfertig" der Prototyp einer Lösung zu Beginn ist. Prototypen können dabei einerseits die grundsätzliche Lösungsidee veranschaulichen, andererseits aber auch nur ganz spezielle Aspekte der Lösung konkretisieren und testbar machen.

Der Design-Thinking-Prozess ist ein hochgradig iterativer Ansatz, bei dem es zuallererst darum geht, das eigentliche Problem möglichst gut und ganzheitlich zu verstehen, bevor mit der Lösungsfindung begonnen wird.

Das kontinuierliche Testen der Lösungsideen durch potenzielle Nutzer unter Verwendung von einfachen und schnell zu erstellenden Prototypen hilft dabei, die benötigten Lernzyklen schnell und kostengünstig zu realisieren.
Steht zu Beginn eines Design-Thinking-Projektes die Wünschbarkeit einer Lösung im Vordergrund,

werden in späteren Iterationen auch die Machbarkeit und die Wirtschaftlichkeit einer Lösung verifiziert.

4. Design Thinking einsetzen

Flexibilität ist das Leitprinzip eines guten Design-Thinking-Umfelds. Außerdem sollten Räume kreative Kollaboration fördern, Platz für Wissen bieten und schnelle, günstige Prototypen möglich machen.
Die bewusste Zusammenstellung von Teams und regelmäßige Reflexion der Teamarbeit erhöhen die Projekteffizienz und die Arbeitszufriedenheit.

Design Thinking ist keine Kunst, sondern eine Problemlösungskultur, die durch den bewussten Umgang mit Teams, Räumlichkeiten und Herangehensweisen gelebt wird.

Die Autoren

Jochen Gürtler interessiert vor allem die Frage, was Veränderung braucht, damit sie geschehen kann. Sowohl im persönlichen als auch im inhaltlichen und organisatorischen Kontext. Der studierte Informatiker blickt auf über 15 Jahre Erfahrung in meist internationalen Software-Projekten zurück. Derzeit ist er als Innovation-Manager beim größten deutschen Software-Anbieter tätig und in dieser Rolle maßgeblich an der unternehmensweiten Einführung von Design Thinking beteiligt.

Darüber hinaus ist er Gestalttherapeut und Business Coach mit eigener Praxis sowie Lehrbeauftragter an der School of Design Thinking am Hasso-Plattner-Institut in Potsdam und an der Universität Mannheim.

Er ist selbstständiger Innovations-Coach und bietet neben Vorträgen und Workshops zum Thema Design Thinking und Innovation auch Aus- und Weiterbildungen für Design-Thinking-Coachs an.

Er ist (Mit-)Autor mehrerer Fachbücher, Blogger und Vater von zwei Kindern. Er lebt und arbeitet in Karlsruhe und Berlin.

www.jochenguertler.de

Johannes Meyer ist Design-Thinking-Coach, Moderator und Innovationsberater. Er erhielt seinen M.A. in Kulturwissenschaften, Medien und Betriebswirtschaft und beschäftigte sich dabei vor allem mit der Kultur von Social Media. Er war als Lehrer in Sri Lanka, in Online-Start-ups und im Bereich User Research tätig. Nach dem Studium „Design Thinking" am Hasso-Plattner-Institut Potsdam war er zunächst Internal Innovation Consultant in der Softwarebranche und arbeitete an neuartigen Produktideen im Bereich Banken, Rechnungswesen und Handel. Derzeit gestaltet er als General Program Manager der HPI Academy GmbH Lern- und Beratungsangebote zu Innovation, Kreativität und Design Thinking für Unternehmen aller Branchen.

Für Johannes Meyer ist die menschenzentrierte Gestaltung von Produkten und Services zum ständig begleitenden Thema geworden. Er lebt und arbeitet in Berlin und ist neben seiner Arbeit Sänger einer lokalen Rockband.

Weiterführende Literatur

- Berger, Warren (2010): CAD Monkeys, Dinosaur Babies, and T-Shaped People: Inside the World of Design Thinking and How It Can Spark Creativity and Innovation
- Brown, Tim (2009): Change by Design – How Design Thinking Transforms Organizations and Inspires Innovation
- Doorley, Scott/Witthoft, Scott (2012): Make Space: How to Set the Stage for Creative Collaboration
- Kelley, Tom (2008): Ten faces of innovation
- Kelley, Tom/Littman, Jonathan (2001): The Art of Innovation
- Kolko, Jon (2011): Exposing the Magic of Design: A Practitioner's Guide to the Methods and Theory of Synthesis
- Martin, Roger L. (2009): The Design of Business: Why Design Thinking is the Next Competitive Advantage
- Maurya, Ash (2012): Running Lean: Iterate from Plan A to a Plan That Works
- Michalko, Michael (2001): Cracking Creativity – The secrets of creative genius
- Michalko Michael (2006): Thinker Toys – A handbook of creative-thinking techniques
- Plattner, Hasso/Meinel, Christoph/Leifer, Larry (2012): Design Thinking Research: Studying Co-Creation in Practice

- Ries, Eric (2011): The Lean Startup: How Today's Entrepreneurs Use Continuous Innovation to Create Radically Successful Businesses
- Seelig, Tina (2012): InGenius – A crash course in creativity
- Sibbet, David (2010): Visual Meetings – How Graphics, Sticky Notes & Idea Mapping Can Transform Group Productivity
- Smith, Keri (2008): How to be an explorer of the world

Downloads
IDEO Method Cards (2002)
d.school Stanford: Bootcamp Bootleg
http://dschool.stanford.edu/use-our-methods/

Register

Arbeitskultur 31, 33, 85

Bedürfnisse 9, 12, 18, 22, 27f., 38, 40, 45, 49, 51, 57f., 65, 86
Beobachtung 43f., 62, 65, 78, 86
Brainstorming 51-54

Design Challenge 26, 37, 39, 86
Design-Thinking-Prozess 18, 22f., 28, 31, 33ff., 37, 54, 57, 59f., 62, 67, 79, 86f.

Empathie 12, 40, 45, 63f., 82
Erkenntnisse 42f., 45f., 61f.

Feedback 24f., 30, 56ff., 74, 77f., 82, 87

Ideenfindung 7, 29, 31, 51-54, 56, 66, 85, 87
Ideengenerierung 35, 63f.
Implementierung 25, 59, 61, 63, 66

Innovation 7, 9-15, 19, 23, 25, 35, 59f., 62f. 84f.
Interdisziplinarität 19, 78
Iteration 51, 58ff., 67, 79ff., 88

Lernen 17, 24, 27, 35, 37, 43, 57f.
Lösungen finden 6, 38

Machbarkeit 9, 12f., 52, 58ff., 67, 84, 88

Persona 28, 48f.
Point of View (POV) 44, 49, 51, 64, 86
Post-it 22
Präsentation 21, 80f.
Problem verstehen 31, 37, 67, 85, 87
Profil, t-förmig 19
Projektplanung 38f., 86
Prototypen 30, 55-61, 64-67, 73ff., 78, 80f., 87f.

Räumlichkeiten 20-24, 26, 33, 83, 88
Recherche 28f., 39, 42-45, 49, 51, 57, 65, 80, 86

Scheitern 25, 36, 85
Storytelling 44f., 53
Synthese 28f., 43-46, 49, 51, 57, 62, 64, 86

Teamkultur 23, 25, 85
Testen 30, 56, 58f., 67, 80, 87

Warm-up 75, 79
Wirtschaftlichkeit 12f., 58ff., 67, 84, 88
Wünschbarkeit 11ff., 15, 59, 67, 84, 87

Die 30 Minuten-Reihe
In 30 Minuten wissen Sie mehr!

Jeder Band 96 Seiten, 2-farbig
€ 8,90 (D) / € 9,20 (A)

Ulrich Siegrist, Martin Luitjens
30 Minuten Resilienz
ISBN 978-3-86963-263-2

Frank H. Berndt
30 Minuten Burn-out
ISBN 978-3-86936-255-7

Hans-Georg Willmann
30 Minuten Willenskraft
ISBN 978-3-86963-355-4

Stefanie Demann
30 Minuten Selbstcoaching
ISBN 978-3-86963-260-1

Peter Brandl
30 Minuten Verhandeln
ISBN 978-3-86963-353-0

Carmen Schön
30 Minuten Frauenpower im Job
ISBN 978-3-86963-354-7

Alexander Groth
30 Minuten Führen mit EQ
ISBN 978-3-86963-351-6

Arnd Zschiesche, Oliver Errichiello
30 Minuten Markenführung
ISBN 978-3-86963-352-3

Marc Tscheuschner
30 Minuten Unternehmensethik
ISBN 978-3-86963-356-1

Weitere Informationen finden Sie unter www.gabal-verlag.de

audissimo – Hörwissen für Eilige

Jede CD
Laufzeit ca. 60 Minuten
€ 16,90 (D/A)

Ulrich Siegrist,
Martin Luitjens
30 Minuten Resilienz
ISBN 978-3-86936-464-3

Frank H. Berndt
30 Minuten Burn-out
ISBN 978-3-86936-039-3

Ronald P. Schweppe,
Aljoscha Long
30 Minuten Raus aus dem Jo
ISBN 978-3-86936-370-7

Bernd M. Wittschier
30 Minuten Machtspielchen
im Büro
ISBN 978-3-86936-465-0

Thomas Lorenz, Stefan Oppitz
30 Minuten Selbst-
Bewusstsein
ISBN 978-3-86936-462-9

Josef W. Seifert,
Bettina Kerschbaumer
30 Minuten Online-Moderati
ISBN 978-3-86936-463-6

Helmut Muthers,
Wolfgang Ronzal
30 Minuten Marketing 50+
ISBN 978-3-86936-368-4

Yvette E. Hofmann
30 Minuten
Projektmanagement
ISBN 978-3-86936-369-1

Markus I. Reinke
30 Minuten Neukunden-
Gewinnung
ISBN 978-3-86936-371-4

Weitere Informationen finden Sie unter www.gabal-verlag.de